「飛行員的故事」系列第七集

長空萬里

空軍飛行員不畏懼危險困難的精神
記下更多空軍健兒的驚險故事

空軍飛行員的故事

王立楨——著

OFF WE GO

目錄

作者序 005
一、HU-16 遠航南海——宋國文遠赴太平島救援 013
二、F-100 翻山炸射——張惠榮中央山脈勇鑽山溝 031
三、F-100 飛機著火——劉屏瀟尾管著火冒險落地 049
四、P-51 引擎熄火——楊偉鑑熄火迫降高屏溪 067
五、F-86 油門失效——陳炳修軍刀機迫降馬公 081
六、F-84 敞篷飛機——皮驚天高空座艙罩意外開啟 097
七、RF-104 偵照任務——張延廷冒險奉命偵照釣魚台 113
八、P-51 長程任務——朱安琪永誌不忘，嚴仁典代已走上不歸路 131

九、T-33 訓練任務——劉守仁領悟身為師者的不容易 151
十、F-16 起飛撞鳥——陳成彰驚險四分十三秒 169
十一、IDF 單飛儀式——李文玉倡導人性化單飛儀式 187
十二、P-40 殲滅日軍——吳國棟常德會戰殲日軍 203
十三、C-123 秘密任務——何世光領航官北越遇襲空中受重傷 219
十四、C-130 飛出國境跨洋賑災——張海濱率隊遠航中美洲馳援 243
十五、T-38A 編隊失散——馮世寬狂風暴雨落台南 283
附錄 五邊飛行圖示 300
熄火迫降航線圖 301

作者序

這本《長空萬里》是《飛行員的故事》系列書籍的第七集，距第一本出版已有十九年。

在出版第一集的時候，書名的構想是《一百位飛行員的故事》，而選用「一百」，並沒有任何特殊的原因，只是因為那是一個較容易記得的整數，而我心中確實已有超過一百位飛行員的故事。

當時一位好朋友向我建議，將預定書名中的「一百位」刪去，他表示一本書中不太可能仔細地說明一百位的故事，勢必要出版多本來闡述才行，但如果第一本銷路不好，那還要不要繼續出版？反之如果讀者反應不錯，那麼寫完一百位後，還要不要繼續寫下去？在他如此的建議下，當初的書名就成了《飛行員的故事》。

沒有想到這個系列的書籍在各位讀者的愛護與支持下，竟還真能出版到今天的第七集，而在這系列中被提及的飛行員早已超過百位。這也算完成了我最早要寫「一百位飛行員的故事」的初衷！

這本書中有兩個故事是發生在抗戰期間，其中一件是在第一集中曾提到的「永遠的上尉」朱安琪先生的故事。朱安琪老先生如今已是一〇二歲高齡，去年我去探望他，與之閒談間，他提起了自己在四大隊服役時的中隊長周志開上尉。這位我只在歷史書上看過的名字，在朱安琪的口中卻是一位活生生的人物。由他那裡得知，周志開上尉是如何不厭其煩地將 P-40 投彈的技巧與空中纏鬥時的竅門講解給他聽。在提到周志開殉職一事時，朱安琪先生更是感傷地說到周志開殉職那天所駕的飛機，是一架剛剛檢修完畢、前一天才由朱安琪從重慶白市驛機場飛到恩施的。

周志開烈士在起飛執行最後一次任務時，朱安琪還在跑道頭目視他起飛，沒想到驍勇善戰的周志開那天竟沒有歸來。聽到他說到這裡時，我提起在劉毅夫先生的書籍《空軍史話》中曾提到，是劉毅夫先生與一位嚴仁典中尉一同前往山區尋找失事地點，並安排將周志開遺體運送回重慶的事情。朱安琪在聽我說到嚴仁典這個名字時，顯然有些激動。他帶著我走到他的書房，指著書桌前牆壁上所掛著的一張相片，告訴我相片中人就是嚴仁典！

不等我問他為什麼會將一位同僚的相片，掛在書桌正前方最顯著的地方時，朱安琪先生就告訴我，嚴仁典是他官校的同期同學，在一次代替他出的任務中為國犧牲了。那張相片在他的書桌前一掛就是七十多年，因為他認為是嚴仁典替他走上了黃泉之路，他對嚴仁典的虧欠是無法償還的。在他述說這個故事的當兒，我就決定讓更多的人知道這個感人的經過。

另外一個發生在抗戰中的故事主角是吳國棟上尉（後來官至空軍中將），我雖然很早就知道他，但從未有機會謀面。去年在一次朋友聚會中我認識了他的長公子吳晟。吳晟見到我之後，相當興奮地告訴我，他有一個珍藏已久的東西要與我分享。幾天之後我應邀前去他府上時，我才發現那個要與我分享的東西是一張 DVD，上面有著他的尊翁吳國棟老先生的一段錄影。影片中，吳國棟老先生將自己在常德會戰中的作戰經過詳細地敘述下來。

原來多年前吳晟先生就覺得父親的抗戰經歷是值得記錄下來並流傳下去，因此就請父親對著錄影機將那段經歷以口述歷史的方式，拍了下來。那天遇到我的時候，他頓時就決定將那張 DVD 交給我，希望我能將那段影片轉成文字。幾天之後，在我的書房中，我藉著那段錄影進入了七十餘年前的抗戰時空，在吳老將軍濃厚的鄉音間，我似乎看到了他駕著 P-40 對著地面的日軍掃射的情形……。

幾乎就在同時，另一位抗戰英雄李繼武的公子李定中先生也將一套我尋求多年卻不可得的《空軍抗日戰史》輾轉送到我的手中。有了這套書後，我不但找到了吳老將軍所述說的那段歷史，更發現了一些在那場戰役中，吳老將軍所略去而未說的細節。當時我就覺得我能在吳晟錄下那段影像十多年之後得到那張 DVD，且幾乎就在同時得到那整套抗戰史冊，讓我可以忠實地將那段歷史記錄下來，這實在又是一個冥冥之中，上蒼刻意做出的安排。

本書還包括了空運部隊在十多年前派出一架 C-130 前往海地賑災的故事，其實能將這個故事記載下來，也是有著一段曲折的過程。當初那架 C-130 完成了遠航的艱鉅任務之後，我就想將這個故事記錄下來。該任務指揮官張海濱上校是我多年的老友，所以我認為找他談談就可以將經過弄清楚，沒想到張海濱上校卻對任務三緘其口。當時我就認為一定是有長官的特別指示，不可將該次任務的經過公佈出來，所以我就沒有再繼續打聽這件事。不過我心中卻是一直納悶，這明明是一件很光榮並值得讓國人知道的故事，為何要將它埋沒呢？

六十多年前同樣是空運部隊，在完成前往泰國清邁將泰緬義胞接回台灣的「旋風任務」之後，空運部隊還特別為那個任務出版了一本由任務組員所撰寫的《旋風記》。而這次一架空運機飛越太平洋去地球的另一端為海地賑災，所帶去的物資雖然有限，但所代表的意義卻是相當重大。那是中華民國空軍自建軍以來，所執行過距離最遠的一次任務，更應該記錄下來廣為宣傳。於是我特別上書空軍司令劉任遠上將，詢問他我是否可以將這個任務的經過撰寫成書，結果卻是出乎我意料之外。劉司令竟在當天就回覆，除了告訴我已指示張海濱上校可以將任務經過與我分享外，並表示很樂意見到這件故事的披露。經過多次對當時任務組員以 Zoom 視訊訪問之後，這個橫跨太平洋的遠程任務就被寫進了這本書。

這些年寫了這一系列的故事，我曾收到過不少讀者的來函，心中感到最欣慰的是一位還在念國中的同學在當年看了《飛行員的故事》第一集之後，對空軍產生了極大的興趣。他在高中畢業後立志考入空軍官校，現在已是一位少校飛行員，他並且表示自已也有一些故事可以提供給我作為日後寫作的題材。這種正能量的回饋是讓我繼續寫下去的最大動力。

還有一位空軍退休的將軍寫信給我，向我表示書中所寫的故事其實都是那些飛行員們拿了薪水就應該做的事，實在不值得特別為文傳頌。我知道這是那位將軍在謙虛心態下的反應，在此我要先感謝將軍在他軍旅生涯中為國家所做的貢獻，再來我必須向那位將軍說明，就是因為大多數的國人只知道軍人拿了薪水，而不知道他們到底做了些什麼事，所以才會稱軍人為「米蟲」。這種情形下，我反而覺得《飛行員的故事》系列書籍更有必要繼續寫下去，因為藉由這系列的故事，最少可以讓一般百姓了解空軍飛行員為國家做了些什麼事。

由二〇〇五年出版《飛行員的故事》第一集到現在的第七集，十九年的時光就這樣在我敘述那些英雄事蹟中消逝，而英雄的事蹟卻不斷地以不同的方式在發生。

如今台海的情勢較十九年前更為險峻，為了保衛這塊土地，一批批年輕的戰士們披上征裳，跨上鐵鳥，飛向藍天去面對時代給予的挑戰。他們的故事將會繼續流傳下去。

一、HU-16 遠航南海——宋國文遠赴太平島救援

民國四十九年九月十七日午夜剛過不久，國防部的聯合作戰中心接到太平島駐軍的電訊，一位士官患急性腹膜炎，必須緊急後送回台就醫，否則有生命危險。

太平島位於南海中央，距離高雄直線距離就有一千五百餘公里，是中華民國最南邊的駐地。該島面積僅有半平方公里，島上除了駐軍之外，並無平民居住，因此也沒有一般民用交通工具往返，全島對外的交通完全依賴每月一個航次的海軍運輸艦。

當時島上並沒有機場，而以海軍軍艦的速度，由台灣到太平島最快也要

四天，這樣來回就需要一個多星期，對於患急病的黃中士來說緩不濟急。

在海軍無法提供即時救援的情況下，聯合作戰中心的高勤官陳鴻銓上校轉而下令給嘉義的空軍救護中隊，他們的 HU-16 信天翁式水上飛機該可以擔當這個重任。

救護中隊的值勤官在午夜兩點接到聯合作戰中心的命令後，立刻將擔任警戒的水上飛機組員叫醒。那天輪值的組員是：機長曾更求中校，副駕駛宋國文少校，領航官古可模少校，通訊官趙家傑少校，醫官馬昭義上尉及機工長杜慶讓士官長。

他們六個人在接到命令後都為之一怔。首先，太平島距離台灣那麼遠，已經超出飛機的最大航程，所以必須找中途加油地點。再說，在海上安全降落最重要的因素就是現場的海象，而當時巴士海峽附近正有一個熱帶性風暴通過，太平島附近的天候會不會影響到水上飛機在海上降落？

雖然有這些顧慮，但是軍人以服從為天職，更何況在太平島上等待他們的是一位急性病患，必須及早就醫。因此曾更求中校先請領航官規劃出一條由嘉義到菲律賓的克拉克美軍基地的航線，那裡是前往太平島的必經之地，

HU-16「信天翁式」水上飛機在水中起降的英姿。

在那裡加油最為方便。他自己則與聯合作戰中心聯絡，請他們代為向克拉克基地申請落地許可，在這同時他請所有組員立刻登機做起飛前的準備。

當時嘉義正颳著強風、下著大雨，幾位組員冒著風雨快步跑向編號 1017 的 HU-16 型水上飛機。那架飛機在前一天晚上被拖到警戒機堡前時，已經被組員仔細檢查過，並已試過車，所以幾位組員僅做了簡單的登機前三六〇度檢查後，就上飛機。

宋國文少校進入駕駛艙後，將發動機啟動的程序單拿出，然後順著上面的手續，將兩具發動機先後啟動。就在他逐項檢查儀錶上的指示時，機長曾更求中校進入駕駛艙，他將耳機戴上並與機上每個組員通話，確定機內通話系統正常，然後對著所有的組員做了簡單的提示。機長表示，第一段飛往美軍克拉克基地的航程由他負責，在那裡落地加油，及索取太平島附近的氣候資料，然後繼續飛往太平島，那一段將由副駕駛宋國文負責，預計在中午之前可以抵達太平島。

提示完畢後，機長問所有組員有沒有問題，大家都表示沒有問題。而那時宋國文少校也向機長報告，起飛前的所有程序都已檢查完畢，可以立刻起飛。於是曾更求中校將飛機滑出停機坪，並與塔台聯絡。

風雨交加下出發前往太平島救急

清晨三點四分，在接到聯合作戰中心的命令一小時後，這架水上飛機在風雨交加的黑夜中，由嘉義機場起飛，向南飛去。

受到熱帶性風暴的影響，飛機自升空之後，就一直在雲中顛簸著飛行。由駕駛艙的窗戶向外望去，只見一片漆黑，偶爾還夾著突如其來的閃電，讓握著駕駛盤的曾更求中校根本無法放鬆心情，他小心翼翼地控制著飛機保持在領航官所給他的航向。

飛機離開台灣後就進入熱帶性風暴的範圍，Hu-16在空中就像一片落葉在狂風中飛舞般似的，沒有一刻是在平直飛行。傾盆而下的暴雨也將飛機團團裹著，此時的水上飛機似乎已成了「水中飛機」，兩個螺旋槳在雨裡奮力地轉動著，像是試圖在狂風暴雨中殺出條生路一般。曾更求左手緊握著駕駛盤，抓住油門的右手已經將油門推到 METO Power[1]，眼睛卻一直瞪著儀錶板上的發動機轉速及汽缸頭溫度，他深怕發動機在暴雨中故障。這時如果任何一具發動機失效，那個後果是誰都不敢去想的。

清晨六點四十五分，周遭的雲層開始變成灰白，風勢與雨量卻未減弱，飛機還是在雲中顛簸不已。這時領航官古可模少校算出飛機已經接近美軍克拉克基地，於是機長曾更求中校開始試著與當地塔台聯絡，順利叫通塔台後被告知，他們是當天早上第一架抵達該地的飛機。當時雖然氣候不是很好，曾更求也從來沒在這個機場落過地，但他還是做了一個很漂亮的進場及落地。

飛機於七點十分落地後，曾更求中校冒著大雨，前往飛行管理室去辦理報到／離場手續及安排加油。在那裡他也取得了南沙太平島附近的氣候預報，他看著那個預報，感到頭皮一陣麻，因為上面顯示當天南沙群島附近是五級風，風速約十八浬。根據 HU-16 的技令，這型飛機在水面降落時，風速不可超過十五浬，這種狀況下在太平島附近落水不但違規而且危險。

曾更求回到飛機後，爬進駕駛艙，將天氣預報交給副駕駛宋國文少校，並表示他不建議冒險在風速超標的狀況下在海上降落，但是既然已經飛到馬尼拉，就這樣返航也實在說不過去，不如飛到太平島去實際觀測風速，如果風速實在過大，他們再返航也不遲。宋國文聽了之後表示同意。

加完油，飛機於清晨八點一刻由克拉克機場起飛。這一段的氣候並不比由嘉義出發時要好，飛機在七千呎的空中，依然冒著風雨、顛簸著向太平島飛去。

當天由嘉義到克拉克基地的這一段航程因為都在地面電台範圍之內，所以領航官僅是利用洛蘭導航儀[2]就可以輕鬆的算出飛機的位置，但由克拉克基地起飛後，很快就進入南中國海，距離陸地越遠，導航電台的電波就越斷斷續續，無法精確算出飛機的位置，這時就要靠領航官的本領了。而因為當天一直在雲中飛行，六分儀已無用武之地，領航官古可模少校僅能以推測航

1 METO Power：Maximum Except Take off Power，除起飛外最大馬力，通常起飛馬力最多只能使用三分鐘左右，而 METO 馬力配置是在飛行中可以持續使用。

2 編註：LORAN，long range navigation 長程無線電導航的英文簡稱，中文亦會簡稱「羅遠」、「羅蘭」，美國在二戰期間開發，至今依然在使用的導航技術。

行的方法，提供航向給機長，讓飛機對準太平島飛去。

起飛三個鐘頭後，雲層開始稀散，氣流也趨穩定。領航官趁著這個機會利用六分儀對著太陽測了一次方位，他非常欣慰地發現與他先前所推算出來的位置相差無幾。

抵達太平島，無奈風浪太大，接舷屢屢失敗

中午十一點四十分，古可模少校判斷飛機已接近太平島，大約半個小時後就可以到達。於是宋國文少校將飛機的無線電調到當地駐軍的電台頻率，並開始呼叫。但是無法叫通。既然無法用無線電與島上守軍聯絡，通訊官就將飛機即將抵達該地的訊息，用電報拍出。

這時，一個島嶼的輪廓在飛機正前方出現，宋國文知道那該是太平島了。他將飛機減速並降低高度，這樣又飛了幾分鐘之後，飛機空臨太平島上空。飛機先圍著島飛了一圈，宋國文發現有人在地面仰頭望著飛機，並揮手對著飛機打招呼。這時機工長杜慶讓在機長的指示下，將一枚煙霧彈對著海面投下。

根據煙霧彈在海面升起的煙霧角度，領航官算出當時的風速是十六浬，超出技令上所規定的十五浬最大落水風速。如果按照規定，那麼他們就不該在這種狀況下在海上降落，但當時在島上有一位患急病必須立刻動手術的軍中弟兄，而且在島上的人見到飛機來了卻不降落，該會有多失望。

宋國文再度試著用無線電與島上駐軍聯絡，但還是無法叫通。曾更求與宋國文兩人討論了一下，兩人都覺得風速雖然超標，但僅是超標一浬，落下去該不會有太大問題。

宋國文操縱飛機在低空圍著太平島又繞了幾圈，機上的每一個人在機長的吩咐下，都由不同的窗戶向外望，要看清楚島的附近有沒有任何暗礁。

在觀察暗礁的時候，領航官也算出當地海域的風向是二三〇度，湧的方向則是二四〇度，他將這個資訊提供給兩位飛行員在海面降落時的參考。

飛機在跑道上降落是必須逆風落地，這是因為逆風可以將飛機的速度減慢，這樣飛機落地後在跑道上就會很快停下來。但在海上降落時，機長是根據他的經驗同時考慮風、浪與湧的方向及風速，來決定降落水面的方向。

那天的浪與湧的方向相差不大，因此宋國文決定在太平島南方〇・二五浬處順著湧的方向降落。他小心翼翼操縱著飛機，慢慢降低高度，當飛機接近一個湧的峰頭時，他將油門收回，飛機是以比失速稍高的速度落在那個湧的峰頭。飛機落在海面上後繼續向前衝，很快就衝過湧的最高點，隨即向湧的低處墜去。

整架飛機「哐！」的一聲撞在湧低處的海面，那個撞擊力量之大，讓從來沒在海面降落過的醫官馬昭義上尉嚇了一大跳。飛機隨即繼續往前衝了一下，然後就停止了前進，並跟著湧浪開始上下晃動。

宋國文在飛機落海後並未將兩具發動機關閉，因為飛機在海上的行動是必須利用發動機的推力來控制。

島上駐軍見到水上飛機降落後，很快就派出一艘摩托橡皮艇疾駛而來，機工長那時也將艙門打開，預備接人。沒想到摩托橡皮艇在艙門附近停下，艇上的一位蛙人對著機工長問，他們是哪個部隊的，來南沙太平島的任務為何？這讓機工長丈二金剛摸不著頭腦，他們連夜由嘉義馬不停蹄地趕到此地，而駐軍卻怎麼似乎完全在狀況外？

原來在大海中的孤島，守軍對於任何未報備即前來的飛機與船隻，都要查問一番，而島上的天線在當天早上被風吹倒，所以他們沒有接到任何有飛機要前來的訊息。經過一番解釋後，那位蛙人終於瞭解了他們此行的任務，於是掉頭開著摩托小艇向岸邊駛回。

飛機在海上隨著海浪上下浮沉，裡面幾個人都感到相當不舒服。醫官本來在飛來的途中就有暈機的現象，這下在海上晃動了一陣子後就受不了了，他衝到艙門處，對著海面嘔吐起來，站在艙門口的杜機工長像是被這現象傳染到似的，不一會兒也開始嘔吐。

再拖下去，大家都得在太平島過夜了

大約半個多小時後，宋國文看到有一艘木質划艇由岸邊開出，對著飛機划來。小艇在狂濤駭浪下，試了幾次都無法靠到飛機的旁邊。站在後機艙門口附近的機工長看著小艇幾次隨著浪頭對準飛機衝過來時，都會緊張半天，他深怕小艇會撞到機身或是機翼。萬一飛機被撞壞了，大家都得在太平島過夜了。

宋國文在駕駛艙中不斷地控制著發動機的油門，企圖將飛機擺好位置來配合小艇。而因為水上飛機在水上的轉動無法靠機尾的方向舵，如要向右轉，必須將右發動機的螺旋槳槳葉角放到反槳的位置，這樣才能靠發動機的推力差來改變飛機的方向，是一個非常複雜的操縱程序。

小艇本身就不靈活，在大浪的衝擊下，根本沒有自主行動的能力，駕駛小艇的海軍士官也是怕撞到飛機，所以一直徘徊在距離飛機約一、二十公尺處，不敢太過靠近。偶爾順著浪潮的波動，慢慢地對著機尾附近接近，但稍微大一點的浪就又將艇給推了出去。

小艇就這樣在飛機附近晃了近一個鐘頭，宋國文見狀覺得如此繼續下去，再過一個小時大概也無法將病人接到飛機上。他必須另外想個法子來解決這個問題。他看著那艘笨拙的小艇，突然想到了飛機上的救生艇！

宋國文通知機工長，請機工長將飛機上的救生艇取出，然後在那艘小艇靠近飛機的時候，將疊成只有兩個籃球般大小的黃色救生艇，對著小艇丟了過去。小艇上的一位蛙人看著丟出來的黃色救生艇，立刻了解飛機上組員的用意。他由船上跳進海裡，游向救生艇，然後將救生艇旁邊的充氣瓶拉開，原本疊好的救生艇在快速充氣的狀況下，很快就變成了一艘黃色小艇。

蛙人將救生艇拉到木艇旁邊，小艇上的另外兩位蛙人及島上的醫官，開始試著將病人搬上救生艇，這也不是件簡單的事。當時海裡的蛙人用兩手抓著救生艇及小艇，盡量讓它們緊靠在一起，而船上的另一位蛙人跳上救生艇，試著以一個人的力量接下病患。然而海浪的力量經常一下子就將靠在小艇旁邊的救生艇推開，稍不留神就有可能將病人掉到海裡。

他們就這樣試了將近二十分鐘才勉強將病患搬上救生艇。島上的醫官隨即也跨進救生艇，原本在艇上的那位蛙人此時已跳進海中，與原先就在海中的弟兄一同拉著救生艇往飛機游去。

救生艇被拖到了飛機旁邊，機工長站在艙門旁，看著躺在救生艇上的病患渾身衣衫已經完全被海水打濕，且不斷地呻吟著。這時前幾分鐘將病患由小艇上搬到救生艇上的戲碼，又要再重演一次，而此時因為有了艙門的限制，搬運的過程就更加困難。而海浪打到機身後所濺出的海水不斷地打在病患身上，更使原先的呻吟聲變成痛苦的哀號。

這樣又花了十多分鐘，才將病患搬進機艙，島上的醫官這時也將病患的病歷交給馬昭義醫官，然後向機上的組員道謝後，隨即跳回救生艇，由蛙人拖著離開飛機。

此時馬昭義醫官將病患身上濕衣脫下及身上的海水擦乾，並蓋上毛毯，然後開始檢查他的血壓、脈搏。

機長曾更求中校這時也開始做起飛前的準備，他請機工長再往機外釋出一枚煙霧彈，看著煙霧的方向，他及宋國文少校兩人操縱著飛機，順著湧的方向開始起飛。海水的阻力大，當天風也大，所以飛機在海上衝得非常費力，尤其是通過湧的峰頭後，掉下來撞到海面的撞擊，更是讓人心驚膽跳。漸漸地，飛機速度增加，有幾次離開水面，但隨即又落回水中。這樣連續幾次後，飛機才真的掙扎著飛進藍天。起飛後，曾更求先對著太平島低空通過一次，並擺動機翼向站在岸邊的駐軍告別。那時是下午兩點左右。

安全爬升，該回家去了

飛機剛爬到航線高度，醫官走進駕駛艙向兩位飛行員報告，病患的情況垂危，必須盡快進醫院動手術治療。機長曾更求聽了之後，本想請領航官找最近的機場落地，將病患送進當地的醫院，但與宋國文商量後，覺得最近的機場也許可以早一個鐘頭落地，但在一個不熟的機場落地，不見得有足夠的後勤支援，這樣不如盡快飛往克拉克基地，至少那裡有一流的美軍醫院。

這時的天氣還是不好，飛機像來時一樣在雲中亂蹦，這就苦了醫官及病人。本來就腹痛的很不舒服的病患，被綁在擔架上就更不舒服，馬醫官除了要克服本身暈機的狀況外，還要照顧病患，真是非常辛苦。為了及早趕到馬尼拉，Hu-16 一路用大馬力飛行，而此時運氣不錯的是風向幫了很大的忙，近八十浬的順風讓飛機在三個多小時就趕到克拉克基地。在與塔台聯絡時，宋國文中校表示飛機上有病患，要求優先落地。塔台除了准許他們插隊落地之外，還告訴他們美軍醫院的救護車已經就位，在等待他們降落。

飛機於下午五點十分在克拉克機場落地，滑進停機坪後，美軍救護車上的醫務士立刻將病患搬下飛機並送進救護車。看著救護車在警笛及閃燈中疾駛而去時，飛機上的組員才鬆下一口氣。這時他們才想到自己除了在上午吃了一個在起飛時所帶的饅頭之外，已經有十多個小時沒有進食了。

看著又累又餓的組員，機長曾更求中校決定當天不回台灣，而在當地過夜。他將這個決定向聯合作戰中心報告後，立刻得到長官的同意，畢竟他們在惡劣的氣候下已經執行了十五個小時的任務，的確是需要好好休息一下了。

那位病患在當天晚上就在美軍醫院裡動了手術，手術過後美軍醫官表示，如果再晚一個鐘頭的話，病患很可能就過不了這個關口。在美軍醫官的建議下，那位病患要在當地住院一星期才可出院。HU-16組員在第二天早上，再冒著持續惡劣的氣候，空機飛返嘉義。

後記

這件發生在六十餘年前的往事，是我在二十多年前參加舊金山僑美中華民國空軍同學會紀念八一四餐會時，由與我同桌並坐在我旁邊的宋國文教官告訴我的。他說這件到太平島救人的事，是他軍旅生涯中記憶非常深刻的一個任務，因為他與整組人員成功地救回一條垂死的生命。宋教官在那件事的幾年後離開救護中隊，轉到黑蝙蝠中隊服務，期間曾駕駛 C-54 完成了許多艱鉅任務。

認識宋教官時，我並不知道他與我的表舅周杰教官是連襟，一直到最近幾年才由我表弟周燕弘教官處了解。因此嚴格說起來，我與宋教官也算是親戚。實在很遺憾沒能早一點知道這層關係，要不然我一定會與同住在舊金山灣區的宋教官有更一步的交往，多瞭解他在空軍中的英勇事蹟。

今天將他的這件故事寫出來，也算是紀念我們之間的未竟之緣。

宋國文（右）在美國受訓時留影，後方是美軍二戰著名的 B-17 轟炸機。

二、F-100 翻山炸射——張惠榮中央山脈勇鑽山溝

自從萊特兄弟在一九〇三年發明飛機之後，軍事家就試圖將這新的發明運用到戰爭上。一九一四年八月二十三日，正值第一次世界大戰，英軍的一架飛機對著德軍的一架飛機開火，雖然那場空戰雙方都沒有傷亡，但戰爭卻從那天起，由二度空間進入三度空間。

「空權」在那時還是一個全新的概念與理論，為了能在空中贏得戰爭，科學家與工程師不斷地鑽研與測試，讓飛機能飛得更高、更快，及帶更多與更尖端的武器彈藥。因此在人類開始飛行的四十二年後，美軍竟能在沒有任何一名軍人登陸日本本土之前，只靠著空中武力就將日本擊敗。這在當時實

在是運用空中武力的終極表現。

武器大國除了不斷地製造更先進的飛機之外，各國空軍也不斷研究新的戰術，讓飛行員能將飛機的性能發揮到極致。

美國空軍在越戰期間發現讓戰鬥機由巡航高度進入目標區，繼而俯衝而下，對著目標投彈的戰術已經落伍，因為敵方的防空武器一直在進步。美國空軍在越戰中對地攻擊時被地面砲火擊傷的情況相當多，因此只有盡量減少出現在敵陣上空的時間，才可相對地減少被地面砲火擊中的機會。在這種情況下，新的對地戰術 AGT（Air to Ground Tactics）於焉產生。

這種新的戰術是要求戰鬥機在前往目標區時，盡量超低空以地形做掩護，避免被敵方雷達發現。進入目標區時，一桿帶起機頭，在兩秒鐘內建立四 G 急劇的鑽升。在爬升期間，飛行員必須向左右壓機翼以尋找目標，尋獲目標後建立本身與目標間的態勢感知（Situation Awarness）。當飛機衝到頂點高度時，飛行員將飛機滾轉成倒飛姿態，將機頭帶到天地線以下，建立攻擊俯角，在進入俯衝時滾轉改平，並在四秒之內將光網瞄準點對準目標，隨即按下投彈按鈕將炸彈投下。投彈後立刻以大 G 蛇行、高速脫離敵方火力

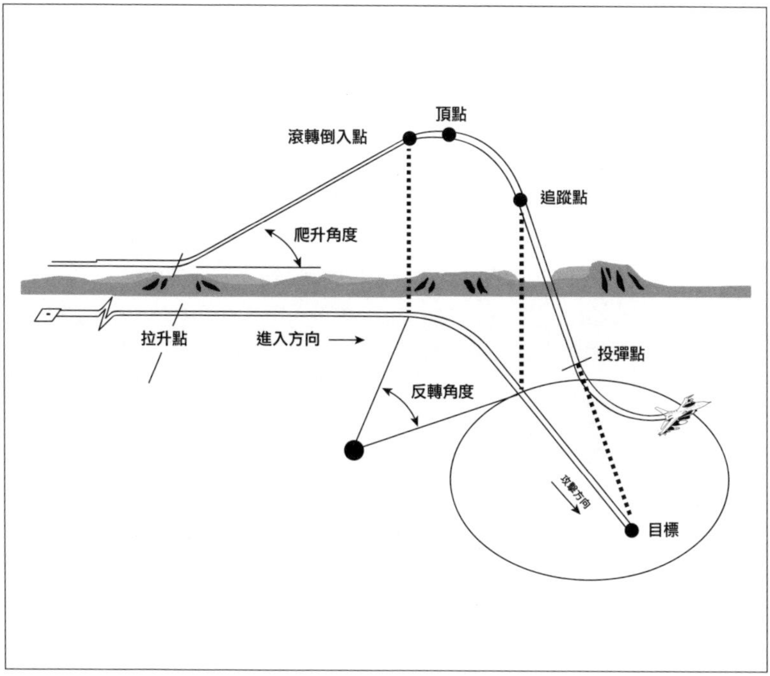

蔡懿亭繪製

美軍至今仍會教學的「戰術拉升對地攻擊」。

威脅區。這樣由開始爬高到投彈後脫離，整個暴露在敵人地面火網下的時間還不到半分鐘，可大幅減低被敵人砲火擊中的風險。

美國空軍將這發展出來的新「戰術拉升」（Pop-Up）科目，列為美國空軍武器學校（Air Force Weapons School）的正式課程，除了訓練自家空軍的飛行軍官外，同時也開放給盟國的空軍軍官學習。

引入新戰術，傳授全軍都受惠

民國六十六年由美國接受整套戰術訓練的王廷正教官，回國後成立炸射班，將在美國所學到的這種新戰術傳授給國內的各個聯隊。

當時炸射班的主要訓練對象是使用 F-5E 的作戰部隊，使用 F-100 及 F-104 的部隊僅是派員觀摩，並沒有實際參與飛行訓練。

民國七十年空軍四十八中隊是使用 F-100 的部隊，作戰官張惠榮少校在當年六月，被派到嘉義基地與二十三中隊一同參與炸射班的學科訓練。他在回到新竹基地後，向隊上提出心得報告，並分享課程中有關 F-100 對 MiG-

張惠榮與機號 0222 的 F-100 戰機，塗裝是著名的第 17 中隊的「紅色閃電」。

21空對空應用戰術，以及空對地攻擊時的戰術原理。報告受隊長董強亞中校的重視，於是指示他去負責發展一套F-100空對地的戰術戰法，並擔任中隊的炸射教官。

張惠榮少校根據炸射班為F-5所準備的作戰概念，發展出了一套F-100的戰術戰法，也為這套戰法計算出了空對地戰術及戰術拉升時的操作數據。有了這些數據後，他與中隊輔導長竇柏林中校同乘F-100F雙座機，由新竹基地起飛，以海上超低空飛往嘉義水溪靶場，抵達目標區後，採取戰術拉升攻擊，去印證他所計算出來的數據。

在那次與竇柏林教官以雙座機飛了一次戰術拉升的任務後，張惠榮少校又以單座的F-100，領著幾位資深隊員，飛了五次的「戰術拉升」戰術攻擊任務，然後根據所獲的經驗，擬定了「F-100機空對地應用戰術戰法研究案驗證實施計劃」。這個計劃是由新竹起飛後一路超低空飛行，在中央山脈中鑽山谷，一直這樣飛到佳冬靶場，進行「戰術拉升」模擬對地攻擊的計劃。中隊將那個計劃逐級呈報給大隊部及聯隊部，當聯隊批准後，再呈文報請空軍作戰司令部審核。當時張惠榮少校還奉令北上，向作戰司令部作戰處簡報。

作戰司令部仔細研究計劃後，認為值得一試，於是正式行文通知四十八中隊批准該計劃。

大膽嘗試，任誰都可以勝任挑戰

由於這個計劃是由張惠榮所擬定，因此中隊決定由他率領一架僚機，在民國七十年十一月十七日這天來執行任務。身為中隊作戰官的他，為了證明只要是完訓的飛行員都可以勝任這種任務，他並沒有經過特別挑選，只是按照正常排班的順序，選擇了劉樹金中尉作為僚機。

十七日天還沒亮，張惠榮就已抵達中隊作戰室，他先向氣象單位查詢當天航路上的氣候，因為一路都是低空目視飛行，所以在航路上不可有任何雲層。氣象單位給他的預報是台灣受大陸高壓出海影響，底層吹東北風，中高層有高積雲雲系，一萬五千呎以下大致為稀、疏雲的好天氣，非常適合飛行。

有了氣象資料後，張惠榮中校開始對僚機劉樹金中尉做當天的任務提示。他先說明這次任務的成敗，就是要看他們是否能在指定時間內飛抵佳冬靶場的目標區，所以必須非常精準地按照航行作業飛行。再來就是必須避開所有雷達站的搜索，一但被雷達探測到就視同任務失敗。將任務要領說明白後，張惠榮再將整個航路仔細地對劉樹金講解一遍，尤其是在航程中七個必須翻身而過的分水嶺，更是花了許多時間說明。

任務提示完畢後，兩人同時前往個裝室著裝，然後拿著飛行盔及揹上降落傘，搭車前往停機坪。

當天因為是訓練任務，而不是作戰任務，所以僅有預備機而沒有預備組員。張惠榮與劉樹金兩人在對他們的兩架 F-100 做完起飛前檢查後，登機準備起飛。

F-100 型戰鬥機是第一種可以在平飛時超音速的飛機。在一九五四年九月由美國空軍接收，並開始執行戰備任務，當初美國空軍的飛行員對其性能為之驚艷，大家都想能有機會一親芳澤，與她共遊長空。但最早的那批 F-100A 型，卻有著相當嚴重的穩定性問題，他的設計廠商——北美飛機公司的首席試飛員，喬治．威爾栩（George Welch）先生在一九五四年十月的一次俯衝測試時，就因飛機失去控制而墜毀喪生。這使美國空軍即時將它停飛，一直到北美飛機公司作出相關的改進之後，才又復飛。民國四十七年金門砲戰期間，在美國緊急軍援下，中華民國空軍接收了六架 F-100F 型雙座教練機，作為飛行員換裝訓練之用，並在一年後接收了一批 F-100A 戰鬥機，由那時起我國空軍正式跨入超音速時代。

這型超音速噴射戰鬥機雖然優秀，但是到了民國七十年，它已從美國空軍除役，同時也在中華民國空軍服役超過二十年，這使得許多零組件的取得相當困難，因此整體的機務來說並不是很好。但修補大隊的地勤人員卻有辦法將作戰室每次所需要的飛機準備妥當。這讓張惠榮實在感到敬佩。

任務啟動，雷霆萬鈞之勢由南到北穿越

十一月十七日上午八點整，張惠榮鬆開煞車，他那架 F-100 在新竹基地〇五跑道開始起飛滾行，劉樹金緊隨在後。兩架 F-100 由新竹基地〇五跑道起飛之後，並未按照慣常向西離場，反而是以五百呎的高度，順著鳳山溪谷向東飛去。這時劉樹金將他的飛機保持比長機高半機的高度，變換成流動隊

形飛在長機後方約一千五百呎處，隨時保持在長機尾部四十五度角之內。

幾分鐘之後，飛機就以雷霆萬鈞之勢低空通過石門水庫上空。當天是星期二，石門水庫的遊客並不多，但即使如此，水庫中幾艘遊艇上的遊客還是被這低空通過的兩架戰鬥機的噪音所懾服。

飛過石門水庫後，張惠榮沿著大漢溪逆流而上。以往在高空中，飛機以四、五百浬的空速飛行時，因為沒有可供對比的物體，所以並不會覺得飛得很快。但是當飛機以五百呎高度順著溪流飛行，溪流兩岸的山岳及地面的村落、道路在翼下快速通過時，張惠榮及劉樹金兩人的確感受到了飛機的「快速」。

戰機沿著大漢溪飛行，在通過巴陵後，雪山山脈分水嶺就在眼前。張惠榮一桿帶起機頭，頓時巨大的G力將人壓在座椅上，他保持拉桿力量的同時，用眼角餘光注意著飛機下面的地形。當飛機衝到山嶺頂端，他立刻將駕駛桿向右壓去，開始向右滾轉；當可以清楚看見山嶺附近的地形時，他就將機頭順著地形壓下；等到確定已安全翻過山嶺，他反桿反舵將飛機擺正，對著翼下的蘭陽溪谷俯衝而下。

飛機快速順著蘭陽溪飛行，兩翼旁都是高山。隨著地形的變化，張惠榮仔細操縱著飛機在山谷中穿梭，他知道思源啞口就在不遠的前方，他們馬上就要在那裡翻轉通過第二個山嶺。就在這時，他突然看到前面有一層薄雲，此處因為是東北季風的迎風面，堆積雲層非常容易在這附近形成。在任務提示中他曾提醒過僚機，如果遇到雲層時，為安全起見必須飛到雲層之上，於是他開始爬高。很快的，飛機就爬到雲層之上，飛到雲上之後，他下意識地向後方看去，只見緊跟在後的僚機也已爬到雲上。這時他很高興地發現雲層其實不高，他們出雲後的高度仍然在兩旁山脈的稜線之下，表示他們的航跡並未暴露。

這時，任務中要翻越的第二個山嶺，思源啞口就在前方。張惠榮如同前一次一樣，將飛機飛過山嶺，然後倒轉過來將飛機翻過山頭，順著地形俯衝而下，飛入大甲溪谷。

兩架 F-100 順著大甲溪谷往南飛，這一帶的山岳張惠榮曾在公餘時間攀登過。他看著翼下一段熟悉的山嶺，想起當時曾費了一整天的功夫才走完，如今卻在幾秒鐘之內就由它上空呼嘯而過，而且由空中俯視的景觀又是一番不同的景象。張惠榮不時地抽空回頭看一下飛在五點鐘方位的劉樹金，發現他始終很稱職地飛在僚機的位置，有這樣的僚機真會讓長機輕鬆許多。

梨山分水嶺在張惠榮的前方出現，他再度將駕駛桿拉回，飛機的機頭也就在瞬間揚起，那股熟悉的G力也隨之將他緊壓在座椅上。衝過山嶺後，張惠榮將飛機反扣過來，對著山嶺後方的北港溪谷俯衝而下。正當他由俯衝中滾轉恢復正飛的時候，座機突然開始劇烈抖動，F-100像是狂風中的落葉般毫無規則地在空中抖動，山谷中的那些古木與枯枝似乎就在眼前觸手可及。張惠榮立刻意識到自己遇上了山地背風邊的渦旋氣流，他抓緊駕駛桿，並將油門推上，希望能以那額外的推力，儘速飛出渦流區域。所幸飛機在顛簸了一陣子後就飛出了亂流區，張惠榮冒著冷汗將飛機順著北港溪谷向下游飛去。

就在這時，張惠榮的耳機中傳來一個陌生的聲音：「Papa21，Shorty，Clubhouse在詢問你的狀況。[1]」原來由起飛向東進入大漢溪谷後，戰管就無法在雷達上面看到他們，也無法用無線電與他們取得聯絡。於是就請當時正在中央山脈上空飛行的另一架飛機代為轉達訊息。

「Shorty，Papa21，請轉告 Clubhouse 一切正常。」張惠榮簡單地回答著。沿著北港溪南下飛了一陣子後，東眼山就在正前方出現，張惠榮再度做了一個翻身過嶺，翻過山嶺後順著眉溪溪谷繼續南飛。

這種順著河谷低空飛行的情節，讓張惠榮想起了自己在初中所看過的空戰電影《六三三轟炸大隊》（*633 Squadron*）。電影中那群飛著蚊式轟炸機的飛行員也是在河谷中靠著地形的掩護，去轟炸德國的一個軍事設施。當時他曾被那群飛行員將生死置之度外的精神所感動，同時也為飛行員在山谷中穿梭的技術感到佩服。沒想到十多年後，自己竟也能駕著高性能戰鬥機進行同樣的任務。雖然這只是一次訓練任務，但自己的心中卻完全將它當成真實情況來實施，因為唯有這樣，日後當國家賦予相同性質的任務時，他才能很熟練地達成使命。

他就這樣又繼續在山谷中南飛，在翻過霧社分水嶺及巒大溪分水嶺後，就飛入郡大溪谷。在這一段飛行時，張惠榮特別注意山谷之間的高壓電線。

1 Papa21 是張惠榮的呼號，Shorty 是另一架飛機不知名飛行員的呼號，Clubhouse 則是戰管的呼號。

由於電力公司在台中、南投一帶設有「東電西送」或「西電東送」的高壓電線，這對超低空高速的戰鬥機來說是一大威脅。

在郡大溪谷逆流而上時，周遭的地形非常複雜，張惠榮必須不斷推拉駕駛桿將飛機控制在安全範圍內飛行。這樣又飛了一陣子，八通關的山嶺就在眼前，這將是整個航程中最後一個要翻過的山嶺。雖然在之前的半個多鐘頭內，他已經順利地翻過了六座山嶺，但他絲毫不敢掉以輕心，還是很小心地帶起機頭，並習慣性地將下半身肌肉繃緊，準備承受隨之而來的G力。在衝到山嶺頂端後，他將機身倒轉，然後繼續帶桿讓飛機隨著山坡往茬濃溪谷俯衝而下，在建立好俯衝角度後，再將飛機反轉成正常的狀態。

順著茬濃溪谷往下游飛去時，張惠榮看到溪流兩旁已不是高山峻嶺，而是一些平坦的農田，彷佛已進入康莊大道，於是心情開始放鬆，在低空高速的狀況下腎上腺素開始亢奮。頓時飛行員桀驁不羈的天性開始突顯，張惠榮下意識地將飛機高度越飛越低，低過提示的五百呎安全高度，幾乎是貼著溪流水面呼嘯而過。在寶來、六龜兩處S型溪谷廻頭彎地時，張惠榮即以大坡度連續急轉彎，角度之大使飛機幾乎扣過來倒飛，機腹也是幾乎貼著山壁閃

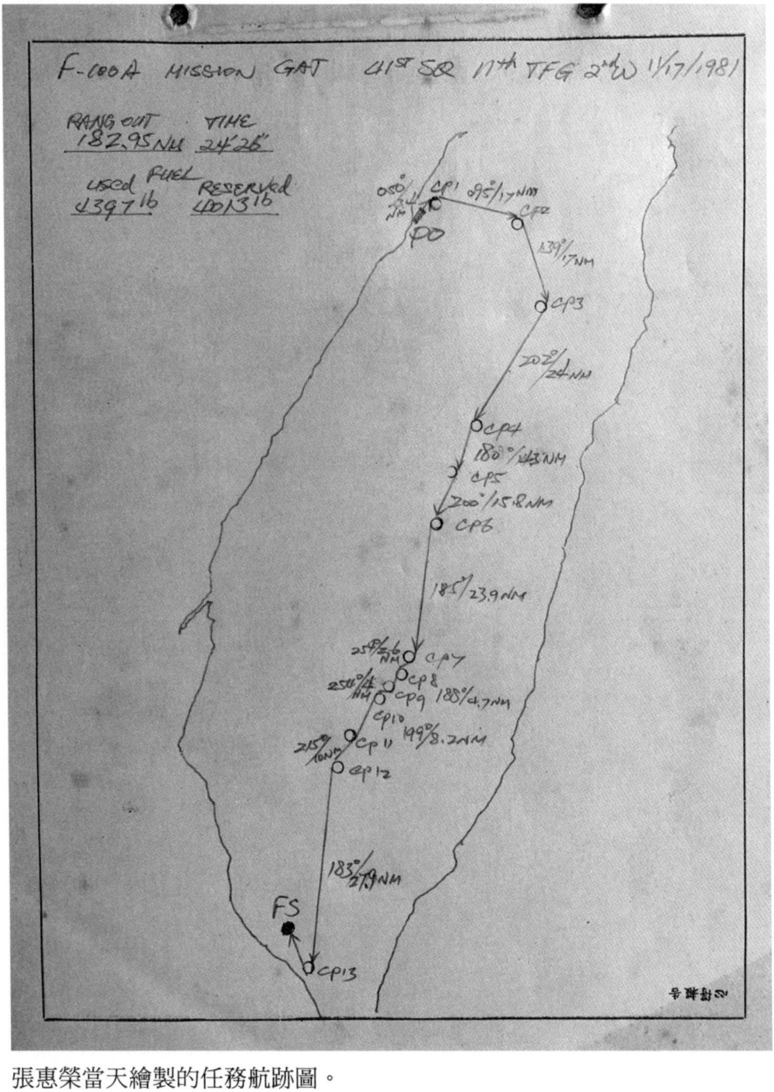

張惠榮當天繪製的任務航跡圖。

過地障，真有橫掃千軍之勢。他回頭看僚機劉樹金的流動小隊隊形（fluid-four formation）還是跟得很好。在以這種情態下飛行令他們兩人血脈賁張，大呼過癮！

飛機低空快速地飛入屏東沖積平原，大武山在飛機的左側，右側則是一片平坦的田地，張惠榮知道佳冬靶場就在不遠的前方了。他快速檢視了一下武器選擇電門，確認是指在「炸彈」上。

飛機很快就飛到了預定攻擊航線的三邊，當在三邊飛到航圖上記好的地標時，他向右轉去，對著佳冬靶場目標區的ＩＰ點（Initial Point，進入點）飛去。飛到ＩＰ點時，他再向右急轉衝向佳冬靶場，很快就到達拉升點，他一桿帶起機頭，讓飛機進入三十度仰角的急劇鑽升。鑽升期間張惠榮將機翼向右壓去，立刻看到了那個顯著的目標，他將目標區與自己飛機的相關位置記下。當飛機衝到頂點，他繼續向右壓桿，讓飛機滾轉成倒飛姿態，然後將機頭帶到天地線下，建立攻擊俯角，再繼續讓飛機滾轉成正常姿態後，在四秒鐘內將光網的十字瞄準點穩定在目標上，隨即按下駕駛桿上的投彈按鈕，將翼下的訓練彈投出。完成攻擊後他繼續衝到低空，隨即以大速度、大

G左右迴轉脫離敵方火力威脅區，對著小琉球方向飛去。

飛機通過小琉球後，張惠榮知道任務已經安全達成，心中輕鬆了很多，他將飛機爬到兩萬多呎的高空，對著新竹基地返航。

張惠榮與劉樹金兩架飛機在上午九點半回到新竹基地落地，兩人雖然很累，但在跨出座艙時，臉上興奮的表情卻也說明了他們兩人對這次任務的感受。

這次任務中他們證實了在能見度良好的情況下，F-100可以全程飛在雷達死角下，讓敵人無法發現，同時利用「戰術拉升」的戰術，也可以在二十秒之內完成對地攻擊任務。因此張惠榮建議將這種戰術列入例行性訓練，以在必要時可以對敵人的目標進行攻擊。

很可惜的是，經過考慮之後，上級並不同意F-100將這戰術列入日常訓練，因為在山谷中低空飛行時，航管無法與任務機聯絡，無法掌握任務狀況，有潛在危險因素。因此這一次任務成為空軍 F-100 型飛機唯一一次在中央山脈中鑽山谷，長途超低空飛行，模擬出擊的訓練任務。

張惠榮在空軍服役二十多年，於二〇一四年以空軍中將副司令官階退休。二〇二二年《捍衛戰士：獨行俠》（*Top Gun: Maverick*）上映時，他在電影院看著男主角率領三架戰機低空躲過雷達偵測，並在進入目標區之前以「戰術拉升」的方法，衝到山頂再翻過山嶺時，他心裡不禁想起四十年前他與劉樹金兩人在中央山脈鑽山谷的往事，然後他微笑著輕輕地說道：「Been there, Done that!」

三、F-100飛機著火——劉屏瀟尾管著火冒險落地

民國六十四年十二月二十二日冬至，星期一，同時也是聖誕節的前三天，空軍基地裡已經有人開始在為聖誕晚會做最後的準備，希望年輕的軍官們在這個節日都能玩得盡興。

為了測試部隊在佳節前是否還能有戰力應付突發狀況，空軍總司令部督察長唐崇傑中將，決定在這天對新竹的二聯隊進行考核。他召集屬下各組專才人員，組成了一個團隊，在上午九點多搭總部所派出的巴士由台北出發，前往新竹基地。

出發之前，唐中將並沒有將這個考核計劃通知二聯隊，而且所有參與考

核的人員由被通知的那一刻開始，就不許與外界聯絡。這樣才可以看出部隊在完全不知情、突然面對作戰狀況提升下的反應。

上午十一點半，唐督察長所搭的巴士抵達新竹基地。當他進入基地見到聯隊長唐積敏少將時，立刻宣佈將當時的作戰狀況提升到「狀況一」。同時宣佈下達作戰命令：二聯隊必須在最短時間內派出十六架飛機，對假想目標——石礁靶場進行攻擊。

作戰命令下達後，隨督察長一同到基地來的總部人員，立刻開始到基地的各個部門去實地觀察執行作戰計劃的情形。十六架出擊的飛機起飛時，考核組的飛行官也會駕機隨同出擊機群出發，觀察機群編隊飛行與投彈的情形。

二聯隊聯隊長唐積敏少將與十一大隊大隊長唐毓秦上校接到命令後，立刻將所有在外公差及休假人員召回，並決定由四十一中隊來執行攻擊任務。

當時二聯隊所使用的 F-100A 是美國北美飛機公司所生產的戰鬥機，暱稱「超級軍刀機」（Super Sabre），是航空史上第一種能在平飛時就可以超音速的戰鬥機。一九五〇年代初期剛進入美國空軍開始執行戰備任務時，立刻成為戰鬥機飛行員的寵兒，大家都能以駕著她翱翔長空為榮。一九六〇年代末期在越南戰場上，這種飛機也曾替美軍立下許多汗馬功勞[1]。

中華民國空軍是在民國四十七年八二三砲戰末期，接收第一批六架F-100F雙座教練機，後來在民國四十九年接收了八十架F-100A型單座戰鬥機，這一批飛機當時是交由嘉義基地的四聯隊使用。民國五十九年美軍又將三十四架F-100A以軍援方式移交我國，這一批飛機則是交由新竹基地的二聯隊使用。

戰術考核雖然是指派四十一中隊來執行攻擊任務，當天該中隊的妥善機因不足十六架，聯隊部下令將所有中隊的F-100A妥善機全部集中，由大隊部直接調派。

1 編註：電影《勇士們》（*We Were Soldiers*）飾演哈爾．穆爾營長的梅爾吉遜，所帶領的第七騎兵團第一營官兵於德浪河谷被北越部隊所包圍時，發出「斷箭」（Broken Arrow）通報時，就出現美軍派出包括F-100戰機參與對地攻擊的片段。

演習視同作戰，一切都要來真的

四十一中隊的劉屏瀟中尉當天下午本來有訓練任務，當他剛吃完中飯，正要為下午的任務準備時，卻聽到了全中隊緊急集合的命令，於是他隨著其他隊員回到作戰室。進入作戰室時，他發現除了中隊長楊爾平中校之外，聯隊長唐積敏少將、大隊長唐毓秦上校及幾位不認識的中校軍官也都在場。這種場面使他直覺地認為是有重要的任務要下達了。

楊爾平中校見到所有的飛行軍官都到齊了之後，向大家宣佈，總部的督察室正在對二聯隊進行年度考察，並已將基地的戰備狀況提升到「狀況一」[2]。這是戰備狀況中最緊急的一種，表示敵我雙方已經進入戰爭狀態。劉屏瀟之前只在課堂裡聽過各種不同的戰備狀況，了解各種不同狀況所代表的涵意，這是他第一次真正進入「狀況一」。即使這只是模擬的狀況，但在他聽到整個基地已進入「狀況一」時，心中仍然感受到震撼！

在簡單扼要地宣佈基地正在接受年度考核之後，四十一中隊被指定派出十六架飛機執行對假想目標——石礁靶場——進行攻擊，楊中隊長隨即開始做任務總提示。過程中，劉屏瀟中尉知道他被指定飛第一批八架中的六號機。對於一個畢業剛滿兩年的中尉飛行官來說，能被選中來參與這麼重要的任務，自然感到興奮，但同時也覺得責任重大。他不能因為自己資淺而在這種場合出狀況，讓整個團隊失分，因此他很專心地將任務提示中的每個細節都牢牢記下。

石礁靶場位於澎湖群島南面，是一塊面積僅約二百乘四百英呎的小島，是一處空軍用來訓練飛行員對地投彈的地點。劉屏瀟在那天之前已經在石礁靶場執行過不少次的投彈訓練，對那裡並不陌生。而任務提示的重點也都與之前大同小異，只是這次提示中特別強調，飛機由啟動開始，就必須全程保持無線電靜默。

任務提示完畢後，所有飛行員都前往著裝，穿上抗G衣、揹上降落傘，再拿起頭盔隨著大夥走出個裝室。就在要搭小巴前往停機坪時，劉屏瀟突然

2 「戰備狀況一」：兩軍進入交戰狀況。「戰備狀況二」：雙方部隊、飛機、船艦大砲和兵員都處於戰備狀態，戰爭隨時可能發生。「戰備狀況三」：敵軍已有集結跡象，我軍調遣部隊、飛機和船艦防備。「戰備狀況四」：敵軍有重大演訓，準備集結。「戰備狀況五」：平時。

劉屏瀟在 TF-104G（機號 4191）前留影。

一股激動的心情在心頭湧動。他由空軍官校畢業後到十一大隊服務已經有兩年多，飛行時間已超過六百小時，像這樣的著裝出發，也不下數百次，卻從來沒有像這次的激動感覺。驀然間他了解到那是一種深藏在心底的夢想成真。

他雖然生在屏東，長在新竹，但祖籍卻是河北，一個他從沒去過的地方。在成長的歲月裡，他由學校長輩級那裡處聽到太多有關大陸的種種，那種聽聞無形中在他內心深處埋下了種子，經常提醒他故國的壯麗山川與人文事物，使他覺得光復故土是他這輩軍人的責任。因此他在日常的飛行訓練中，一直激勵自己，就是希望日後在戰場上能為國家獻出一份力量。那天雖然只是一個模擬對共軍基地攻擊的任務，但是卻可以讓他將自己苦練的結果呈現出來，讓上級知道在日後的真正戰場上，他是一個可以擔當重任的幹部！

十六架F-100A及四架預備機分別停在不同的機堡，每機掛兩具二七五加侖副油箱及兩枚裝在彈戽[3]裡的二十五磅練習彈。地勤人員已將戰機整備

[3] 彈戽是一個類似副油箱的裝置，掛在右翼下，機身與副油箱之間。彈戽內最多可裝練習彈六枚。

妥當，蓄勢待發。劉屏瀟被派到的飛機是0231號，是一架當天上午才飛過兩批任務的妥善機。即使如此，登機之前，他還是很仔細地圍著飛機做了起飛前的三六〇度檢查。因為他知道任何狀況不管多嚴重，在地面都好解決，但是一旦飛機升空，一個小毛病都可能導致致命的後果。

劉屏瀟登上飛機後，機工長隨著也爬上登機梯，站在座艙外替他將肩帶鎖好，並將彈射座椅的安全銷拔出。在機工長爬下飛機之前，劉屏瀟對著他笑了笑，並說了聲謝謝。劉屏瀟一直對機工長們都非常客氣，除了他知道他們從早忙到晚的辛勞——尤其在演習期間，為了能保持飛機的妥善率，經常是徹夜未眠地在棚廠中工作——更是因為他的父親就曾在新竹基地擔任過維修飛機的總班長。因此他比一般飛行軍官更了解機工長的辛勞。

雖然各機停在不同的機庫及機堡，但J-57噴射發動機同時啟動的聲勢卻是非常雄壯，響徹雲霄的吼聲像是替出征的機群伴奏似的，讓F-100機群更顯得威武雄偉。所有飛機順利啟動後，開始依序滑出。劉屏瀟中尉操縱0231號超級軍刀機，隨著他的長機韋國經少校滑出機堡，對著〇五跑道滑去。

警告燈亮起，處變不驚

飛機在滑向跑道的時候，正是夕陽西沉之際。劉屏瀟看著機場外圍，延平路上有一些民眾正在佇足觀看這難得一見的大兵力飛機起飛。看著那些人群，他突然想起，就在不到十年之前，他在念中學的時候，也曾站在那裡看著F-86起落。有時他還會向那些坐在座艙中的飛行員揮手致意。那時他對飛行員充滿了敬意，憧憬著有朝一日能加入那個行業。

沒想到短短幾年，他就由牆外的旁觀者，變成了牆內的執行者。在這轉變的過程中，他了解到一個飛行員在光鮮帥氣的外表下所肩負的責任，與必須承擔的義務，而當下他就是在履行他由空軍官校畢業時對國家所做下的允諾。

第一批的八架飛機同時進入跑道，以兩架一組排成前後四排。起飛的順序是兩架一組，依序起飛。三號與四號機起飛之後，六號機的劉屏瀟就緊盯著長機座艙。當韋國經少校在座艙內將頭向前點了一下時，劉屏瀟知道那就是開始起飛滾行的訊號，於是他將油門推到後燃器階段並放開煞車，飛機頓時開始向前衝。

很快地，飛機就已達到起飛速度，劉屏瀟輕輕將駕駛桿拉回，飛機隨即衝進了新竹傍晚的天空。他將起落架收起，並保持隊形隨著長機爬高。

當飛機正通過新豐附近山頭時，劉屏瀟將後燃器關掉。就在這時，儀錶板上的警告燈亮起。劉屏瀟仔細一看竟然是發動機的冷段（壓縮器部位）及熱段（渦輪部位）的火警警告燈同時亮起，這是之前從沒有遇過的情況。F-100A因為服役時間已久，內部線路老舊，熱段的火警警告燈經常會產生假訊號，但是這次冷、熱兩個部位的警告燈同時亮起，使他覺得該是發動機真的起火了，他必須立刻處置。

劉屏瀟知道在當時的狀況下他絕對無法繼續執行任務，在飛機狀況進一步惡化之前，他必須盡快落地。

那時無線電已轉至作戰頻道，必須全程保持靜默，於是劉屏瀟將無線電換回塔台頻道，將當時的狀態報出，同時將飛機拉高脫離編隊，向左轉向機場的外三邊。就在劉屏瀟的飛機拉高左轉時，長機韋國經少校覺得一個黑影由他右邊向左邊閃過。他一轉頭，就看到劉屏瀟的0231號飛機尾部帶著火焰，正脫離編隊向左飛去。他立刻知道劉屏瀟遇上大麻煩了，飛機著火是非常嚴重的故障，隨時都有爆炸的可能。為了確保僚機的安全，韋國經當時立刻決定要伴隨劉屏瀟返航。

在飛輔室（MOB）[4]輪值的黃國平少校聽了劉屏瀟的報告後，以為他是第二批八架中的一架，因此只是用無線電對他說：「兩三么，你不要起飛。」劉屏瀟聽了之後馬上回答說：「報告，這是兩三么，我已經在外三邊了！」

黃國平少校只吃驚地說了聲：「啊……」之後，就沒有任何其他的指示，整個無線電中一片寂靜，沒有人再說一句話。

當天在高勤官室擔任高勤的是夏繼藻中校，他也在無線電中聽到了劉屏瀟飛機著火的報告，於是他問五號機韋國經少校，是否可以目視劉屏瀟的飛機狀況，韋國經回答尾管附近已經冒火。

正飛在外三邊的劉屏瀟在無線電中聽到長機韋國經說出飛機尾部已經冒

4 編註：全稱「飛行輔導室」，英文縮寫MOB，國軍習慣以MOBO稱之，是一個位於跑道兩端，航空器的著陸點旁，漆有紅白方格相間的建築。每當有飛行任務時，基地就要派出資深飛官進駐飛輔室。飛機進場時，飛輔室針對飛行員的技術層面，還有替落地階段的飛機提供技術輔導和考核。

火的時候，心中著實吃驚，既然由外面都可以看到火焰，那麼表示尾管蒙皮內的火已經燒得很大了。這實在是生命攸關的時刻，在不知道確實起火地點及原因之前，只能假設最壞的狀況，那就是主油管破裂，大量燃油正噴到發動機渦輪部分的外層，烈火所產生的高溫很快就會將附近的蒙皮燒化燒穿以及將操縱鋼繩及液壓油管燒壞。這樣下去他很快就會失去對飛機的控制，他應該立刻跳傘，以求自保。

想到要跳傘，劉屏瀟立刻檢查發動機的儀錶，發現除了火警燈亮起及尾管溫度升高之外，發動機的其他系統，如RPM（轉速）滑油壓力及液壓壓力等都還正常，而跑道就在他的左下方，因此他覺得自己可以將飛機飛回去落地，替國家保存這來之不易的裝備。

危險萬分，大家都屏住氣息

既然預備將飛機飛回去落地，劉屏瀟開始做落地前的準備。因為是剛剛起飛，飛機當時超過最大落地限制，因此他必須將副油箱抛棄，以減輕飛機的重量。於是他將位於油門前面的副油箱投擲按鈕按下，右邊的副油箱立刻墜落，飛機頓時向左邊傾去，劉屏藩向左邊看去，發現左邊的副油箱竟然還在翼下，他正預備伸手將外載緊急齊投的按鈕按下時，那個還掛在左邊翼下的副油箱卻在這時掉了下去，飛機隨即左右大幅度地晃了一下。

飛機的空速是兩百多浬，如果換算成公里的話已經是超過四百公里的時速，但在這尾管已經著火的緊急情況下，感覺上卻覺得比直升機還慢，好不容易才飛到下滑轉彎處。當將油門收回一些，轉入五邊，他希望警告燈能在油門收回時熄滅，但他失望了。那個警告燈就像一雙眼睛似的在一直瞪著他。

「穩住，慢慢來，沒問題的，我替你看著。」長機韋國經少校一直緊跟著劉屏藩後面，並不時在無線電中給他打氣。但是韋國經看著正飛在前面、尾部已經籠罩在火焰中的飛機，心中卻一直擔心會不會突然爆炸。

基地的消防車及救護車接到塔台通知，說有故障飛機正在進場後，第一時間就衝到跑道東側一萬呎處待命。消防車上的救火員都伸著脖子往五邊方向看去，希望能早些看到那架著火的飛機。

當0231號尾部拖著火焰通過跑道前的清除區時，在跑道頭四十五度邊等著進入跑道的另一架飛機中的楊春霖中尉，看著這個景象，實在為劉屏瀟捏一把冷汗，因為在他看來那實在是危險萬分！

劉屏瀟通過清除區進入跑道後，將飛機油門收回，讓主輪輕輕地擦上跑道。等飛機的速度慢到一四〇浬時，他再將阻力傘拉開，飛機很快就慢了下來。當著火的飛機通過跑道的一萬呎標示牌後，消防車立刻跟上，緊隨著飛機後面追著它而去。為了不影響後面的飛機繼續起飛執行任務，劉屏瀟將飛機盡量往跑道的道肩靠去。最後飛機終於在跑道六千呎處停了下來，他很快把發動機關車，並將座艙罩打開。當由座艙中站起來，往後看去時，他才發現火勢竟然是那麼地猛烈！他趕緊由座艙中跳下飛機，往旁邊跑去。

飛機剛停妥之際，追在後面的消防車也已趕到，救火員立刻對著飛機尾部著火處噴出大量泡沫。火勢熄滅後，拖車立刻將它拖離跑道，讓後繼的飛機可以繼續起飛。

劉屏瀟回到作戰室後，想起剛才經歷的意外事件，知道他才與死神擦身而過。飛機在那種火勢下如果再多燒幾分鐘，很可能就會發生不可收拾的後果。他剛經歷了在他二十四年生命中最大的驚險，幸好只是一場虛驚而已！

劉屏瀟在作戰室沒待多久，就接到督察室飛安官的電話通知，要他即刻前往空勤餐廳，聯隊長要見他。當趕到那裡時，發現三位唐姓高級長官——督察長唐崇傑中將，聯隊長唐積敏少將及大隊長唐毓秦上校都在現場，他們對他能臨危不亂地將故障飛機飛回來落地，非常地讚賞，當面獎勵了一番後，並給了他一盒蘋果壓驚。

0231號飛機拖回棚廠，拆開檢修後發現是後燃器的油管快拆接頭鬆脫，當劉屏瀟將後燃器關掉的時候，油管裡的餘油沒有回到油箱，而是由鬆脫的快拆接頭處外漏，漏出的燃油碰到炙熱的發動機尾管，立刻被引燃。當時燃燒的部位非常接近機身油箱，如果當時油箱被燒穿的話，那後果就真是不堪設想了。

這件意外事件之後，F-100A的維修程序中加上了一條，日後在拆飛機尾

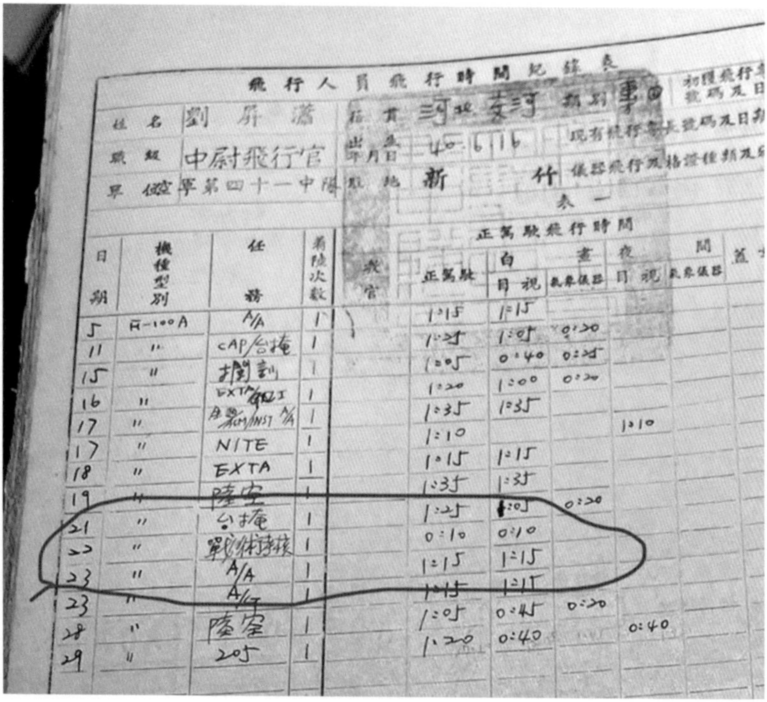

飛行人員飛行時間紀錄表

姓名 劉屏瀟　籍貫 河北麦河　類別 軍（四）

職級 中尉飛行官　出生年月日 40.6.16

單位 空軍第四十一中隊　駐地 新竹

表一

日期	機種型別	任務	着陸次數	教官	正駕駛	白晝 目視	白晝 氣象儀器	夜間 目視	夜間 氣象儀器
5	F-100A	A/A	1		1:15	1:15			
11	〃	CAP/台掩	1		1:25	1:05	0:20		
15	〃	攔訓	1		1:05	0:40	0:25		
16	〃	EXTA/[illegible]	1		1:20	1:00	0:20		
17	〃	[illegible]/INST A/A	1		1:35	1:35			
17	〃	NITE	1		1:10			1:10	
18	〃	EXTA	1		1:15	1:15			
19	〃	陸空	1		1:35	1:35			
21	〃	台掩	1		1:25	1:05	0:20		
22	〃	戰術[illegible]	1		0:10	0:10			
23	〃	A/A	1		1:15	1:15			
23	〃	A/A	1		1:15	1:15			
23	〃	陸空	1		1:05	0:45	0:20		
29	〃	205	1		1:20	0:40		0:40	

從當天的飛行記錄可以看出，劉屏瀟的飛行任務，只進行了 10 分鐘。

部的蒙皮時，一定要檢查後燃器油管快拆接頭，確定沒有鬆動的情況。而此後一直到F-100A除役，再沒有發生過同樣的意外事件。

所有參與這起意外事件的調查人士，在審視了所有資料後，都認為之所以能化險為夷，沒有造成重大失事案件，最主要的原因，就是劉屏瀟的即時處理得當。為此總部還頒發了一萬元的飛安獎金給他[5]，獎勵他替國家保存了重要裝備。

在這件意外事件發生後四十餘年後的今天，劉屏瀟回憶起時，就會想到當時在操縱起火的飛機往回飛時，心中完全沒有顧慮到自身的安危，想的還真是要替國家保存一架飛機。這種事在今天說起來，也許會讓人覺得有些矯情，但是他知道在當年他們那群年輕的飛行軍官們，為了國家，他們還真是付出了許多心力。

他更知道，他們曾保衛過這塊土地，這個國家！

5 當時一位中尉飛行員每月的薪俸，加上飛行加給後約為四千五百元，因此他是拿了相當於兩個月薪俸的獎金。不過他並未一個人獨拿這份獎金，而是分了一部分給消防隊的隊員。

四、P-51引擎熄火——楊偉鑑熄火迫降高屏溪

民國三十九年六月一日，空軍官校二十七期在岡山畢業，他們是空軍官校在台灣畢業的第一個期班，也是空軍史上受訓最久的一個期班。

楊偉鑑是這群畢業生中的一員，那天他與同學們站在官校大禮堂裡，心中真是百感交集。為了胸前的那個飛鷹及肩上的准尉官階，他已付出了五年多的心血。回想他在民國三十四年春天考入空軍官校，到四川銅梁入伍時，所有的同學都是懷著盡快學成飛行技術，以便到前線去將日本倭軍驅逐出神州大陸的心態。然而幾個月後，在入伍訓練尚未結束之前，日本就已投降。

二戰結束對於國家而言是件好消息，但對於剛入伍的空軍官校二十七期

的學生來說，卻是苦難的開始。抗戰期間，空軍官校的學生全由美國代訓，美國設備充足，幾百人同時接受飛行訓練，並不是問題。二戰結束之後，美國停止代訓，二十四期與二十五期的學生都回到剛復校的筧橋空軍官校，而筧橋一時無法容納那麼多學生。所以原本為期三個月的入伍訓練，竟一延再延，二十七期的學生的入伍訓練竟長達一年，創下了空軍最長入伍訓練的紀錄。

民國三十五年五月，本以為入伍訓練完成後就可進入空軍官校的楊偉鑑，卻又被告知空軍官校當時還是有二十五及二十六兩期的學生，無法收容二十七期學生，所以他們又被安排到空軍機械學校與通訊學校去受訓，等到他們終於踏進杭州筧橋的空軍官校大門時，已是民國三十六年四月的事情了。

他們這群二十七期的學生即使進入官校，學飛的路途也不是很順利，剛完成初級飛行訓練，學校就因內戰失利的關係，遷往台灣岡山。等到他們完成高級飛行訓練，畢業掛上飛鷹，已是他們考進空軍官校五年後的事情了。

楊偉鑑在畢業當天，也接到了他的派令，他與幾位同學被派到位於嘉義

楊偉鑑在 P-51 戰鬥機前。

的空軍第四大隊。這是他夢寐以求的部隊，當時他們是使用 P-51 野馬式戰鬥機。在他還沒有進入空軍時，就聽說了這型飛機的性能，與許多抗戰期間這型飛機所創下的輝煌戰績。所以進入空軍之後，他就希望能夠早日畢業，更希望能在畢業後被派到飛這型飛機的部隊。如今，雖然他們這期花了比其他期班多了一倍多的時間才畢業。但是在知道被派到四大隊去飛野馬式戰鬥機時，似乎前幾年所受的折磨都值得了。

當時四大隊有二十一、二十二及二十三等三個中隊，楊偉鑑被分發到二十三中隊。時任中隊長的汪永昌中校，是總司令王叔銘跟前的紅人，有轟炸之王的綽號，福態的身材及始終帶著微笑的臉孔，很得這群剛到隊的小見習官們的崇拜。

下部隊後的第二天，就開始野馬式戰鬥機的換裝訓練。先是地面學科，由一位教官對著這群見習官簡單講述飛機的性能及啟動程序，然後帶著大家圍著一架野馬式飛機做三六〇度檢查，指出該注意的地方，然後地面學科就算完成，沒有發任何講義或是手冊，完全是教官口述、見習官做筆記。

P-51 沒有雙座機，教官只能用 T-6 教練機來考核見習官操縱飛機的技能。

如果教官覺得沒問題，就請另一位教官來做鑑定考試，合格後就可以立刻進行野馬機的單飛。

楊偉鑑在官校時就對T-6教練機得心應手，因此教官帶飛一次之後就送考。考試官是二十二中隊的中隊長王啟元中校。王隊長不苟言笑，非常嚴肅，這讓楊偉鑑上飛機時有些緊張。但當飛機剛離地的霎那，他對飛機的那股感覺立刻取代了原先的緊張，T-6在他熟練的操縱下，在藍天中劃出完美的軌跡。

那天鑑定考試落地後，王啟元中校對他笑了笑，並拍了拍肩膀對他說：「小伙子，飛得不錯，不過野馬的馬力比T-6大很多，等會兒飛野馬起飛時，千萬要注意螺旋槳所產生的扭力，那會讓飛機向左偏，一定要用舵控制好飛機的方向。」

楊偉鑑之前就聽過野馬在用大馬力起飛時，飛機會向左偏，曾有人在起飛時偏出跑道而造成意外事故。也就因為螺旋槳式飛機的這種特性，才有「起飛兩舵，落地一桿」一說。

一代名機，人人都想親自飛上去

第一次單飛野馬的時候，楊偉鑑非常興奮。他想起在筧橋剛開始學飛的時候，一位教官就曾十分自傲地對著他們這群飛行生說：「野馬，教官我飛過！」那時他們看著野馬流線型的機身，聽著特殊的發動機聲後，就將飛野馬當成一個重要的人生目標來追逐。

比他想像中要差許多，然而當楊偉鑑駕著野馬飛行時，他覺得雖然馬力比T-6大許多，但明顯可以感覺到發動機馬力，無法飛到手冊上的最大速度與高度。他知道這是因為補充零件的不足，飛機已呈現老態。然而，他更知道在當時的情況下，所有的零件都需要由美軍處取得，這並不是件容易的事，因此他也就只能將就著去飛了。

民國三十九年十二月，嘉義基地因為要修跑道，整個四大隊奉命暫時移防到屏東空軍基地，屏東基地裡有南北兩個機場，四大隊是進駐北機場。南機場當時則是由三大隊及十一大隊駐防，有好幾位同學都在這兩個部隊服務，因此每天下班後，這些二十七期的四大隊飛行員都跑到南機場去找同學相聚。

十二月十九日下午，分隊長陳成林少校告訴楊偉鑑，第二天早上要帶著他飛一批編隊訓練。因此在二十日一大早，楊偉鑑就到作戰室為那一批訓練飛行做準備。根據當天南台灣的天氣預報，能見度及雲高都合乎目視飛行標準，機務室也表示兩架P-51沒有任何問題，如此看來那天的飛行將會是相當的順利。這讓他感到興奮不已，因為機務的問題，他已經有一個多星期沒有上飛機了。

陳分隊長到了之後，問了楊偉鑑一些如何處理突發狀況的問題，他都能準確地根據技令回答。這讓陳分隊長很滿意，於是立刻帶著他前往停機坪預備開飛。

有一陣子沒上飛機了，發動機啟動後，聽著那水冷式發動機的特別聲音，加上聞到由機頭兩側噴出來帶著機油味道的白煙，讓楊偉鑑莫名地興奮了起來。他很快將發動機儀錶檢查了一番，又搖了搖駕駛桿，來回蹬了蹬舵，一切都沒問題，而那時耳機中也傳來長機與他檢查無線電的聲音。他向長機報出一切正常，隨長機滑出停機坪對著跑道滑了過去。

起飛之後，楊偉鑑飛到長機右後方稍低的位置，但陳分隊長似乎覺得他編得還不夠密集，在耳機中要他再靠近一些。他緩緩對著長機接近，近到他都可以清楚看到長機機翼上的鉚釘時，才將飛機擺正，耳機中傳出陳分隊長嘉許的聲音。

兩架飛機在指定空域飛了一陣子後，楊偉鑑突然發現翼下白茫茫一片，幾分鐘之前還可以看到的地面，現在已經完全被大霧籠罩住了。耳機也傳來塔台因天氣突變，要他們趕緊返場落地的聲音。長機立刻帶著他調頭對著屏東北機場飛去。

天氣來攪局，卻偏遇飛機熄火

陳分隊長帶著他由潮州向屏東北機場接近，當他們通過機場上空時，楊偉鑑還隱隱約約可以看到跑道，但當他們正由三邊轉入四邊時，大霧已將地面完全遮蓋住，根本看不到跑道了。這種情況下長機拉起機頭開始爬高，楊偉鑑緊隨著在前面的長機也開始爬高。

真是屋漏偏逢連夜雨，就在楊偉鑑隨著長機爬高的時候，他的發動機突然開始放砲，馬力也逐漸消失。他趕緊低頭檢查儀錶板，發現發動機的轉速正在急速下降。正當他要將狀況通知長機時，發動機竟然熄火了！

官校剛畢業半年，飛行總時數還不滿三百小時的楊偉鑑什麼時候遇到過這種狀況？他看著前面還繼續在爬高的長機，腦中突然一片空白，看不到機場，發動機又熄火，他該怎麼辦？

飛機下滑時由座艙罩與風擋間隙傳來的風聲，將楊偉鑑喚回現實。他視線掃向儀錶板，發現高度已經低過四千呎，並且還在繼續喪失高度。突然間在官校時教官所教的空中熄火迫降要領，一下子全回到腦中，他知道那時他該先試著重新啟動發動機。

他向長機報告他的狀況，同時低頭檢查各個油箱的活瓣，確定所有的活瓣都在正確的位置，然後按照技令上的步驟去啟動發動機。然而螺旋槳仍舊只是繼續風旋著，沒有任何啟動的跡象。

無線電中也是寂靜一片，教官似乎沒有聽到他的報告，也沒有任何人回應他的呼救，他覺得自己真的麻煩大了。

楊偉鑑想到教官在帶飛第一課時就強調，一旦飛機熄火，要立刻尋找平坦適合迫降地點。他在駕駛艙中向外望去，還是霧茫茫的一片，根本看不到地面，這種情況下他要如何迫降？

他想到了跳傘，高度還有三千多呎，他只要將座艙罩拉掉，將安全帶解掉，再將飛機倒扣過來，他就會由飛機中掉出來，在離開飛機後將降落傘拉開，他就會安全的下降，落在機場附近。但這架飛機就會墜毀在機場附近，永遠無法修復重新使用，而萬一飛機砸在機場附近的民宅，那麼一定會有人因而遭殃！想到這裡，他開始遲疑……如果真有人被他的飛機砸死，他將永遠無法面對自己！再說，如果能將飛機飄到一個平坦的地方迫降，他相信修補大隊的維修人員絕對可以將這架飛機修復，讓它重回戰場。

楊偉鑑知道那時他的位置應該就在高屏溪附近，河邊的沙灘絕對是好迫降的場地。如果他能將飛機飄降到可以目視地面的高度，然後將飛機往河邊的沙灘飄過去，就可以在那裡迫降。

飛機的磁羅盤告訴他飛機的航向是三三〇度，那麼高屏溪該在他的左邊，於是他開始向左壓桿，讓飛機向左轉去。當飛機對準二七〇度飛去時，飛機的高度僅只有一千呎了，但四下仍是一片大霧，完全看不到地面。雖然看不到地面，但他知道飛機在一分鐘之內就會觸地，他必須趁著這最後的幾十秒做好迫降的準備。於是他將發電機電門關掉，並把飛機的座艙罩彈開，這是怕飛機在觸地時的撞擊力，將飛機外型改變，讓座艙罩無法開啟，自己就會困在座艙內而無法順利逃出。

突然間，他看到翼下有一個雲洞，由雲洞中他可以看到自己正飛在高屏溪的沙灘上，他立刻將飛機以大角度向左轉去。就在轉彎的時候，飛機衝出了困擾了大半天的霧，讓他看到了地面。不看還好，這一看讓楊偉鑑大吃了一驚，他此刻正飛在河流上方，看著那湍流的河水，他真怕飛機撞入河後，水性不是很好的他會溺斃。

此時飛機似乎距左邊的沙岸較近，於是他再壓左翼，想飛到那個沙灘上。然而飛機幾乎已經沒有高度，左翼一低就撞上沙灘，然後整架飛機就在沙灘上開始迴轉。楊偉鑑一時間根本看不清楚外界的任何東西，他只覺得整個世界都在圍著他亂轉。風旋中的螺旋槳雖然在觸及沙灘的霎那停止旋轉，但仍捲起許多飛沙迎面對著座艙方向撲來。他本能地低下頭想躲過突來的沙陣，沒想到這個動作卻即時救了他一命。就在他低頭的霎那，飛機左翼突然撞到一塊大石頭，巨大的衝力竟將整架飛機向左翻扣了過去，幸虧他那時頭是低著，因此重著地的是風擋及他身後的防彈鋼板。

飛機落在高屏溪，動彈不得

飛機在翻扣過去後就停止了轉動，楊偉鑑在座艙裡頭下腳上，動彈不得。他想看看當下的處境，卻發現他的頭四周全是沙子，尤其是臉，直接壓在沙子上，幾乎有要窒息的感覺。他想著剛才如果不是低著頭的話，飛機扣過來的瞬間他的頭顱一定是當場被撞碎！

楊偉鑑用手將臉部附近的沙子撥開一些，這樣才能讓呼吸順暢一點。他試著用雙手頂著頭部附近的沙地，用力想將飛機頂起，但是四千多公斤重的飛機卻是絲毫未動。他開始大聲呼救，但是沒有任何反應。不過他想著高屏溪附近大概有人看到他在那裡迫降翻覆，應該很快就會有人前來搶救。

就在那時，他聽見一些水流的聲音及一股嗆人的汽油味，他立刻知道那是飛機上的汽油已由油箱中外洩。這使他驚恐萬分，這時只需一丁點火花，整架飛機立刻就會變成一團火球，困在駕駛艙中的他將完全沒有逃脫的機會。他想起由六月畢業至今，半年間已有三位同學為國犧牲，尤其是第一名畢業的毛希恭，竟也是第一位殉職的同學。如今他被倒扣在飛機下面，無法動彈，在無人前來搭救的狀況下，汽油又淋在自己附近，這真所謂坐以待斃啊。

不知過了多久，楊偉鑑突然聽到有人跑過來的聲音，於是他開始大聲呼叫，這次有人回話了。他立刻警告大家飛機正在漏油，千萬不要有任何煙火在附近，因為他知道那時許多人嘴裡時時刻刻都會叼著香菸。

那些人一開始想將飛機一邊的機翼抬高，但是卻發現舉抬的高度有限，無法讓楊偉鑑由座艙中脫身。於是就開始用鏟子在座艙附近刨坑，這樣挖了一陣子之後，才將他由座艙中拖出來，立刻送往屏東空軍醫院急救。他並無大礙，在醫院躺了一天之後就完全恢復，只是汪隊長讓他趁機在醫院多住幾天，反正回到隊上也沒飛機可以飛。

等了一個多星期，楊偉鑑回到隊上的第一件事就是失事檢討會議。他先陳述飛機失事的經過，然後修補大隊的一位少校表示那架飛機的發動機經過測試後並沒有任何問題，因此懷疑是他在飛行過程要更換油箱時，因為不熟悉油路，誤將通往發動機的活瓣關閉，最後導致發動機熄火。對於這樣的假設，楊偉鑑完全無法接受，為了要讓飛行更加順利，他將飛機的油路背得滾瓜爛熟。那天熄火後，他仔細檢查過油路的所有活瓣，確認所有活瓣都在正確的位置，所以他知道絕對不是因為油路活瓣錯誤而導致發動機熄火。但是汪隊長卻暗示他不要再自我辯護，接受失事調查會議的決議。這種情形下，他雖然心中不承認，但是在流程上還是做了妥協，扛下了飛機失事的責任。

一個月之後，楊偉鑑終於可以重回飛行線，再駕野馬遨遊長空。只是好景不常，不久後他又被懷疑政治傾向有問題而被停飛。這次更是冤枉，他費了兩年多的時間才洗刷冤白而得以復飛，只是這次是被調到防空學校去擔任防砲訓練時目標機的飛行員，再也沒有調回到戰鬥部隊去駕駛高科技的戰鬥機了。

在楊偉鑑短短幾年的飛行生涯中，他從未料到那次在高屏溪的迫降，卻成為自己印象中最深刻的一次飛行經歷。

五、F-86油門失效——陳炳修軍刀機迫降馬公

澎湖的馬公機場是中華民國空軍距離中共最近、同時駐有戰鬥機的空軍基地。那裡每個月是由不同的部隊輪流進駐，而輪調到那裡的部隊都將這種任務稱之為「天馬任務」[1]。

民國五十四年夏季的某月，台南一大隊九中隊輪到前往馬公執行天馬任務。完成戰備快一年的王迺斌少尉之前就由一些教官口中，聽到不少在馬公駐防期間的趣事。在馬公那一個月期間，幾乎每天不是出作戰任務，就是與

1 這是民國五十年間的稱呼，後來改稱「天駒任務」。

陳炳修上尉與一大隊塗裝的 F-86，機身吊掛有在金門空戰立功的響尾蛇飛彈。

隊友執行模擬空戰的纏鬥訓練，因此這種輪調任務對酷愛飛行的他來說，非常具有吸引力。

進駐第三天，從馬公出動的拂曉巡邏是由副隊長梁龍中校領隊，二號機是王迺斌少尉[2]，三號機是陳炳修上尉，四號機是李春雷中尉。那天他們在日出前起飛，在戰管的引導下在海峽上空巡邏。

飛在三萬餘呎高空的王迺斌少尉看著翼下的海面仍是漆黑一片，但右邊台灣本島的中央山脈頂端，已經露出魚肚白的曙光。他知道那時北部的二聯隊或五聯隊，也該有另一批飛機在執行與他一樣的任務。他想著島上的人民此刻大概還在睡夢中，而他與同僚們卻已在台灣海峽上空「放哨」了。想到這裡，他突然感受到這種任務的重要性，身為軍人就是要讓人民能有個安全的生活環境。

這時王迺斌飛在長機的右邊，三、四號機則在長機左側。他看著飛在左

2 編註：更多王迺斌的故事，請參閱《飛行線上：十二位空軍飛官的驚險故事》，「攔訓意外——王迺斌目睹戰友撞山」。

前方約三百呎處的長機，在曙光的照射下銀白色的機身顯得非常耀眼。他在進入空軍之前就聽過梁龍中校的大名，知道他是當時雷虎小組九機菱形編隊時飛最中間的那架。那是須要一雙非常穩定的手將飛機控制在那個位置，因為在那個位置往任何一邊多偏一點都會引起無法預期的結果。沒想到自己在官校畢業後，被分發的第一個部隊的輔導長就是已經升為雷虎小組領隊的梁龍，這實在讓他非常興奮。

相處一陣子後，王迺斌更發現，梁龍的飛行技術高超自然不在話下，但是最讓人折服的卻是他的穩重。梁中校飛行時會將飛機的性能發揮到極致，但絕不做冒險或沒把握的動作。帶著僚機飛行時不但隨時注意僚機動作，即使在指正時也不會像有些教官的開口亂罵。所以當王迺斌飛在梁龍的右側做為他的二號機時，完全沒有一般低階軍官與長官一起飛行時怕被K的心態。

「Mango Flight，馬公戰管，任務結束，可以報離。」耳機中傳來了戰管通知他們巡邏任務已經圓滿達成的聲音。王迺斌看了一下儀錶，這次任務飛了四十餘分鐘，剩下的油量還可以飛將近二十分鐘，這時他非常期望長機能帶著他們繼續飛一陣子，來演練一下空中纏鬥的戰技。

「Fight On!」展開空中對戰模式

果然，梁龍在四架飛機集合後，通知三架僚機分成兩組開始ACM（Air Combat Maneuvering）演練。說完之後就帶著王迺斌向右拉開，陳炳修上尉也帶著四號機李春雷中尉向左拉開。

一場驚天動魄的空中追逐纏鬥就這樣在台海上空開始，雖然不是真槍實彈，但是在追逐時每架飛機以三、四百浬的空速在空中接近到幾十呎的間距時，仍是在剃刀邊緣的生死決鬥。唯有這樣的逼真訓練，才能在敵機入侵時處於不敗之地，將對方擊落。

說是四架飛機在做纏鬥，但是真正將飛機性能發揮到極致，同時再用自身的技術在空中翻轉，企圖轉到假想敵後方的僅有長機及三號機陳炳修上尉兩人。王迺斌是四人中期別最低，經驗最少的一位，他跟著梁龍翻轉時，在第三個回合後就跟不上了。四號機雖然比王迺斌高一期，但也跟不上三號機，這兩人僅能拼著命在空中試圖跟上長機，同時觀察長機及三號機的動作，希望能藉著這樣的觀摩學到一些竅門。

那天在看著那兩架飛機在高空中以大G動作纏鬥時，王迺斌發現平時中規中矩的陳炳修上尉竟也有瘋狂的一面。有幾次眼看梁龍就將要咬住時，他卻能在間不容髮的瞬間，很有技巧地將飛機拉開，然後這兩架飛機隨即展開另一回合的纏鬥。

因為一直在以大G動作纏鬥，所以兩機的高度就越來越低，王迺斌緊跟著那兩架飛機也在不停地下降高度。他抽空看了一下高度錶，指針不斷地向反時鐘方向轉動，高度已經低過三千呎，早已超過纏鬥訓練時規定的一萬呎低限，而且還在以大下降率往下衝著。

梁龍在一個剪型動作時稍微帶了一點機頭，讓飛機在迴轉時慢了一些——就是這一丁點的差誤，讓陳炳修的飛機衝到了前面。梁龍趕緊反桿、反舵，將飛機轉了過來，飛到陳炳修的七點鐘位置。眼看就要將他咬住之際，陳炳修卻又巧妙地將梁龍甩開。這時兩架飛機的高度已經接近一千呎，王迺斌正覺得已經飛得太低時，耳機中卻已傳來梁龍的聲音：「停止，Three 今天你飛得非常棒！我們集合回去吧。」

四架軍刀機在馬公以南的海面開始爬高。王迺斌在爬高的時候不斷想著剛才所目睹的纏鬥過程。陳炳修上尉與梁龍中校的期班差了八期，飛行時數也差了一截，這種情況下陳炳修卻能與梁龍打成平手，實在是非常不容易。

「熄火迫降航線寧高勿低」

陳炳修是彰化鹿港人，他是在台北工專畢業之後，因從小就對飛行有興趣，才去投考空軍。因此他比同期同學要年長三、四歲，也就是因為年紀稍長，因此他當教官時對學官們的態度比較柔和。王洒斌到隊時，他的F-86換裝教官就是陳炳修，王洒斌記得陳教官和氣的臉龐上經常帶著笑容，從來不給學員任何壓力。他帶著王洒斌飛了幾課T-33後，就表示可以單飛了。在王洒斌單飛那天，他飛了另一架軍刀機在旁邊伴隨，一路上盡是鼓勵的聲音。在王洒斌看來，陳教官的和氣，實在是他能在最短期間內完成軍刀機換裝的最大因素。

在馬公駐防期間，因為機場外面就是海灘，沒事的時候大家就會穿上泳褲到海邊去戲水。就在到海邊去的時候，大家看到穿著泳褲的陳炳修教官胸前竟是一片雄偉的胸毛，這在亞洲人裡實在少見。那群隊友圍上去看著他的胸毛開了許多玩笑，他也不以為忤，還回應著那些玩笑說，他那樣的人「才是真男人」。

一個月的時間過得很快，就在九中隊要返回台南的前兩天終昏時刻，一陣警笛聲引起了正在警戒室擔任警戒的幾位飛行員的注意。他們衝出警戒室，看到兩輛消防車及一輛救護車正向著跑道頭方向急駛而去，很顯然是有飛機將在跑道上迫降了。

那時在馬公機場一天僅有幾班民航機，下午三點最後一架民航機離開之後，就不會有任何民航機進出機場了，因此大家直覺這一定是當時正在執行終昏巡邏的軍刀機發生狀況了。

警戒室裡的四位飛行員站在警戒室外面，對著五邊的方向望去，但因為當天雲多，看不到什麼東西，因此大家都有些著急。在看不到進場飛機的時候，就想早些知道是哪架飛機出了狀況，然而沒人曉得到底發生了什麼事。

雖然沒看見有飛機在五邊進場，一陣噴射發動機的聲音卻由遠處傳來，聲音是越來越大，可以聽出飛機已經接近機場，卻沒有人看到飛機，那聲音在通過頭頂上空後向左邊轉去。很明顯，飛機是在飛一個熄火迫降航線[3]，而且正通過高關鍵點。

知道飛機在飛迫降航線後，大家就順著航線的方向，聽著聲音去找飛機，果然不久就看見兩架軍刀機以密集編隊由四邊轉向五邊。

這時可以看到為首的那架飛機飛得比正常進場要高一些。但「熄火迫降航線寧高勿低」是在剛學飛的時候，教官就一再強調的要點，因此如果那架飛機是發動機熄火狀態的話，當時飛在較高的高度算是「正常」。

很快的，兩架飛機通過清除區，由警戒室前的空中通過。就在那短暫的霎那間，眼尖的一位飛行員看到了為首那架飛機的機號是262，當天是由陳炳修上尉所駕駛，緊跟著的那架飛機由頭盔的顏色及塗裝看來，該是當天的

3　編註：迫降航線處置，飛行員自行判斷當下高度、距離及航線，安全返場降落於跑道。

長機趙人驥少校。

看著兩架飛機進場安全落地後，大家又往五邊方向看去。當天任務是由四架飛機執行，這兩架回來之後，後面應該還有另外兩架，但是五邊方向除了白雲及夕陽之外，沒有任何飛機的影子及聲音。大家都想知道這兩架發生什麼事，及另外兩架去了哪裡。

趙人驥及陳炳修兩人將飛幾滑回停機坪，回到作戰室後，大家才知道發生了什麼事情……

原來當天的那趟終昏巡邏任務是由趙人驥少校領隊，二號機錢奕壘少尉、三號機陳炳修上尉及四號機黃慶營上尉，於下午六點鐘左右起飛。隊上所有人都知道趙人驥是一位酷愛飛行的人。每次任務結束後，不管餘油剩多少，他都會帶著大家去做一些飛機的性能科目。

那天也像往常一樣，在戰管告知任務結束後，趙人驥馬上通知三架僚機，就在台海上空來演練一下空中纏鬥技巧。

「油門失靈，只能收不能加」

第一回合，陳炳修就衝到趙人驥的尾巴附近，就在趙人驥要反轉拉昇時，突然耳機中傳來陳炳修急促的聲音：「Brokey（趙人驥的呼號），Three油門失靈，只能收不能加，現在推力只有65%！」原來他以高速衝到趙人驥後面時，將油門由軍用馬力收回，但那時趙人驥已將機頭拉起，預備拉昇，於是陳炳修再將油門推上，就在這時他發現發動機並無反應。他試著將油門收回一些再推上，發現推上油門推桿時，發動機沒反應，但反過來拉回油門推桿，發動機的轉速就會下降，於是他立刻向長機趙人驥報告。

趙人驥知道陳炳修的飛機狀況後，立刻察覺到這是個相當嚴重的問題，65%的推力只是聊勝於無而已，降落時必須一次進場落地成功，否則連重飛的機會都沒有。因此他決定親自帶著陳炳修返航，這時不能出任何一丁點意外。

趙人驥想到他們兩架回到馬公後，陳炳修應該立刻落地。但是如果落地時出了狀況，導致跑道關閉的話，那麼自己及另外兩架僚機就無法降落，於是他通知四號機黃慶營上尉，請他帶著二號機錢奕壘少尉回台南，明天一大早再飛回馬公歸隊。隨後他又通知馬公塔台，有一架飛機發生緊急狀況，正在返場途中，請清除航線及安排救護車、消防車在跑道頭待命。另外，為了怕萬一飛機無法安全落地，而必需在海上跳傘，他也請塔台通知在基地待命的直升機組員準備出動。

根據太康（TACAN，Tactical Air Navigation，戰術導航儀）指示，當時他們兩架飛機的位置是在馬公南邊約十浬處，高度約八千呎。趙人驥心中計算著：如果保持每下降一千呎前進兩浬，那麼抵達機場上空高關鍵點時，該還有三千呎高度，雖然比正常要低，但拉個小一點的迫降航線，該是可以安全進場。可是當天的雲量是七[4]，雲底是一千兩百呎，萬一當飛機飛到雲下時發現沒有對正跑道，在發動機僅有65%推力的狀況下，根本沒有足夠的推力可以重飛。那時若要跳傘的話，高度就嫌太低，所以趙人驥知道陳炳修必須在低關鍵點向跑道轉去時，第一次就對準跑道，他實在沒有第二次機會！

趙人驥將減速板放出，飛在陳炳修的右後方，跟著他慢慢對著馬公飛去。在這同時，趙人驥萌生一開始不該只有飛回馬公，而沒有其他選項的想法。如果在剛聽到陳炳修飛機出狀況的那一刻，就請他將副油箱拋棄，以目前的65%推力飄滑回台南，即使無法飛到機場，也能飛到岸上跳傘，但現在已經不可能再回台南了。萬一無法在馬公進場時對準跑道而要跳傘，高度卻又不夠。想到這裡，心中無由地開始膽寒，他實在無法面對如此的結局！

趙人驥壓抑住自身的緊張情緒，用無線電緩慢地說：「陳炳修，目前你還有點推力，高度也夠，不要擔心，我們飛迫降航線一定會成功。我會通知你什麼時放減速板、起落架及襟翼，進場高一點沒問題，地面風很大，會很容易停下來。我飛在你右側，你不用擔心，聽見點點頭。」陳炳修回頭看了趙人驥一眼，並點了頭。

為了安全起見，趙人驥又提醒陳炳修要做好跳傘的準備，但陳炳修這時

4 空中 70% 是雲。

卻開玩笑說：「教官，我抗G衣的口袋裡有帶著哇沙比，跳傘到海裡之後就可以抓魚來吃沙西米了。」

「好！我們飛回去落地後，晚上我請你吃生魚片！」趙人驥也幽默回覆，他記得同僚間早有傳言說陳炳修的飛行衣口袋中一直都有帶著哇沙比。

天色已逐漸昏暗，兩架飛機在雲中穿梭著下降。趙人驥不時可以看到翼下的海面，卻無法看到馬公。為了能早一點看見機場，他呼叫塔台，請他們將跑道燈打開，塔台隨即回答立刻開燈。但這時趙人驥不但沒看到跑道，太康及UHF電台居然同時全部失效。他立刻了解到那一定是跑道燈開啟時，瞬間大量電流使斷路器跳開，讓同一電路的太康台與UHF同時失效。不過，趙人驥並沒有因為太康台失效而緊張，因為他知道當時他們差不多已經空臨機場了。

一分鐘之後，飛機的高度錶顯示著四千呎，趙人驥通知陳炳修放起落架，並喊出：「High Key（高關鍵點）」。陳炳修在放起落架的同時也開始左轉下滑，這時氣流很壞，飛機在一陣疏雲、一陣密雲中下降，偶爾可以看見地面，但還是無法看到跑道。趙人驥此時緊張握著油門的手開始顫抖，他自己飛行時都不曾有這樣的狀況，但如今帶著僚機在這種狀況下進場，他實在怕陳炳修最後出雲時，沒有對準跑道的同時，又沒有足夠的空間讓他改正，那個後果是他最不樂見的。

當高度降到一千呎時，陳炳修大叫了一聲：「看見跑道了，十一點！」趙人驥同時也看到了在左前方的跑道燈，鬆了一口氣。以他們當時的高度、速度及跑道位置來看，他覺得安全進場該是沒問題的了。不過，他還是叮嚀陳炳修暫時不要放減速板及襟翼，直到距跑道頭約一浬時，他才呼叫陳炳修放出外型。

兩架飛機通過跑道頭後，飛在後方的趙人驥先行落地，陳炳修的飛機一直到跑道四分之一處才觸地，高達十浬的頂頭風讓他們很快就慢了下來。

——

這件意外事件因為領隊趙人驥處理得宜，人機均安，因此聯隊方面並未檢討這次事件，就當此事從未發生過。陳炳修那架飛機的油門手柄在檢查後發現是連桿鬆脫，重新裝上一顆螺桿後就恢復正常了。

如今，故事中除了陳炳修在民國五十八年因病過世外，其餘幾人都安全由軍中退役。他們在白髮暮年回想起軍中的種種時，總會很驕傲地覺得他們曾為保衛這塊土地盡過一份力量。

六、F-84 敞篷飛機——皮驚天高空座艙罩意外開啟

台灣海峽上空，空中僅有一些疏雲，是個難得的飛行好天氣。四架 F-84G 雷霆式戰鬥機剛剛通過南日島上空，由北往南飛去，他們是中華民國空軍嘉義基地第四大隊二十三中隊的飛機，正在執行大陸沿海偵巡任務。

那天是民國四十四年初春的一天，四大隊才剛完成由螺旋槳式 P-51 換成 F-84G 型噴射機的換裝，每位飛行員都對這種噴射機的性能讚不絕口。雖然這些由美國所提供的軍援飛機是韓戰期間美軍所使用過的舊飛機，但是看在中華民國空軍飛行員的眼中已是絕世珍寶了。因為之前他們所飛的 P-51 野

皮驚天與 F-84G 雷霆式戰鬥機。

馬式飛機，補充零件不但取得困難，有時根本沒有，只能靠著那些老班長的經驗與手藝，打造出一些代用零件，讓那些二戰期間的飛機能夠勉強升空。

那天四號僚機皮驚天中尉是飛在整個編隊的最右側，機隊往南飛時，他就剛好飛在福建海岸上空，由一萬兩千呎的空中下望，沿海公路上的車輛與海邊的漁船都依稀可見。他記得有幾次在執行偵巡任務時，戰管還特別要求他們注意某一地段沿海公路上的車輛多寡，那可真是考驗飛行員的眼力了。

突然間，一聲震耳欲聾的爆炸聲在座艙中響起，座艙地板上所有的灰塵於爆炸瞬間在眼前飛舞，隨即就消失無蹤。皮驚天頓時胸部脹起，肺部內的空氣在霎那間全部呼出，卻無法吸進任何空氣，他有一種即將窒息的感覺。他掙扎著將氧氣開關調到 100% 後，才開始重新呼吸。而那時即使是戴著頭盔，他也可以感受到風勢的強烈。在強風的吹襲下，他的眼睛幾乎無法睜開。而耳機中的警鈴鳴叫聲加上風聲，更讓他一時慌到不知發生了什麼事。

儀錶板紅燈急閃，耳機一陣警報亂叫

幾秒鐘之後，他恢復了冷靜，伸手將護目鏡拉下，他這才發現原來座艙罩竟然已經敞開，並已滑到全開的位置。正要去檢查座艙罩開關時，儀錶板上一個紅色警告燈引起了他的注意。他一開始以為是火警警告燈，仔細看才發現是起落架警告燈。

原廠工程師在設計飛機時，為了怕飛行員落地時忘記放起落架，因而設計了一個警告系統。當飛機的油門收回，速度慢到某個程度時，如果起落架還沒有放下，那個警告系統就會用紅色警告燈及警鈴來提醒飛行員。皮驚天這才想起他在聽到爆炸聲時，下意識地以為是發動機內部故障而引起的爆炸，所以他第一個反應就是將油門收回。當油門收回後，空速很快就掉了下來，這時警告系統就啟動了儀錶板上的紅燈及耳機中的鳴叫聲。

皮驚天將油門推上，發動機的轉速錶及空速錶很快地開始爬升，警告燈及耳機中的鳴聲隨即停止。他順利解決了當天的第一個問題。

警告燈熄滅後。皮驚天查看儀錶板上的各個儀錶，想確定沒有其他的問題，但許多儀錶的玻璃蓋下都是一片白霜，無法清楚看到指針的位置。這是因為座艙罩開啟後，座艙內的溫度在瞬間降到外界零下的溫度，那些非密閉式儀錶中的空氣水分立刻在玻璃蓋下結霜。這種情況下，他只有根據發動機平順的運轉聲音來假設所有系統都運轉正常了。

他的下一個檢查點就是座艙罩斷路器開關是否跳開，但是那些斷路器是在座艙右下方，不容易目視檢查，於是他先伸手拍壓所有的斷路器開關，確定所有開關都在正常位置後，再將座艙罩的電門轉到「關閉」的位置，座艙罩開始由後向前移動。

正當座艙罩完全關閉，皮鶩天以為所有的狀況都已解決時，座艙中卻又出現一陣尖銳的蜂鳴聲，而且頻率逐漸提高，高到讓他耳朵疼痛到無法忍受的地步。好在這高頻的噪音維持不到一分鐘就消失了。原來是當座艙罩關緊後，座艙內的壓力在增壓系統所灌進的大量空氣下，開始快速升高，在不到一分鐘的時間內就達到地面的壓力，這就像由一萬兩千呎的高度在一分鐘內就降到地面，空氣壓力在如此快速衝進耳朵，難怪使他頓時難過萬分。

一切恢復正常之後，皮鶩天往四下望去，他已經看不見編隊中的其餘三架飛機了，他知道自己在剛才因為座艙罩突然開啟而減速的狀況下，另外三架飛機一定已經飛到他的前面去了。於是他將油門加滿，按照原來的航向，快速向前追去。

皮鷩天本來想用無線電將自己所遇到的狀況通知長機，但想到自己當時是單機飛在大陸海岸線上空，為避免無線電被共軍監聽，他決定保持無線電靜默，盡快往前飛，希望能早一點追上其他三機。在這同時，他很機警地四下索敵，避免被敵機偷襲。

這時空中的雲量已比之前多了許多，皮鷩天駕著 F-84G 不斷在雲中穿梭。他瞇著眼睛往前看，但因為雲量的關係，看不了很遠。發動機的推力已經到了軍用馬力，機翼不斷劈砍著白雲前行。

突然在飛過一簇白雲之後，他發現編隊那三架飛機就在左前方不遠處。他立刻將油門收回，放出減速板，飛機頓時像是汽車在高速時突然將排檔放進一檔似的慢了下來。但是比起那三架飛機來說，還是嫌快了點，於是他再將機頭拉高，希望這樣可以讓飛機減速得快一些。這幾項動作同時進行後，飛機的速度一下子就掉了下來，將他又甩到三架飛機的後面，他見狀再將機頭壓下，減速板收上，補上點油門，這樣才將飛機放到編隊的正確位置上。

經過這番折騰，回到編隊中的皮驚天在回想剛才的遭遇時，實在不了解座艙罩為何會在飛行中開啟。他很清楚自己並沒有碰觸到開關，那麼一定是電路系統中某個部位發生錯位的狀況，掣動了座艙罩的馬達。如要找出錯位的地方真如大海撈針般困難，但如果不找出那個癥結點，難保這個狀況不會再發生。

皮驚天又想到我們苦難的國家，在這風雨飄搖的困苦時代，空軍所有的飛機都是靠美國的軍援，就連零組件的補給與每趟任務的油料，都要靠美國提供。這種情況下，實在很難去抱怨飛機的老舊，只能湊合著使用。

無獨有偶，類似的意外事件也曾遇到過

想到飛機的老舊，皮驚天又想到了一年多之前的民國四十二年十月間，他還在屏東基地三大隊七中隊時所發生的另一件飛機故障的事件。那次的事故比這次嚴重得多，他能活著走過來，實在是僥天之幸……

那天他獨自駕 P-47 進行高空訓練任務。一般情況下，P-47 在執行任務時都是飛在一萬呎以下。往復式發動機在飛到一萬多呎的高度時，就會因為空氣稀薄，而不能正常運轉，無法提供足夠的馬力使飛機繼續爬高。二戰期間這型飛機因為要爬到兩三萬呎的高空去掩護美軍 B-29「超級空中堡壘」轟炸機，工程師於是就在這型飛機的 R-2800 發動機上裝上了增壓渦輪。將增壓渦輪開啟時，會將高空中稀薄的空氣加壓，讓足夠的空氣進入發動機，這樣就可以像在低空時一樣的正常運轉，使飛機繼續爬到兩、三萬呎的高空。

雖然三大隊的 P-47 並不需要飛到高空去掩護轟炸機，但既然飛機上有增壓渦輪的裝備，隊上就規定每位飛行員都必須去體驗這種增壓渦輪的功效，以便日後一旦有必要爬到一萬五千呎以上的高度時，不至於不知道如何使用。

那天皮驚天啟動增壓渦輪後，讓 P-47 衝上了兩萬多呎的高空，這是他之前從沒飛到過的高度。在那個高度飛了半個多鐘頭後，覺得已完全熟悉了增壓渦輪的使用方式，於是他對著基地的方向飛去，並開始降低高度。

皮驚天與 P-47 戰鬥機。

當他看著高度錶，知道飛機已經降到一萬呎以下，於是他伸手將增壓渦輪的開關關掉。這是一個很正常的動作，在之前的半個鐘頭內他已開、關過增壓渦輪多次，他知道當開關關掉之後，只會感覺到渦輪的噪音停止，及馬力明顯消失。但這次當他的手剛將增壓渦輪的開關轉到「關」的霎那，突然一聲巨大的響聲在座艙中響起，隨之而來是一陣白霧將座艙充滿。正覺得奇怪白霧是由哪裡來時，他已經吸進了一口，頓時感覺到一陣清涼直衝肺部，同時嗅覺也清楚地讓他知道那股白霧就是汽油！

他平時對汽油的味道並不排斥，但瞬間吸入那麼大量的汽油，立即讓他感到腦袋開始昏痛。他直覺想要將氧氣調到 100% 純氧，但油氣已在他體內中開始反應，讓他有力不從心的感覺。雖然手已往右後方的氧氣開關處伸去，然而就在他的手觸及氧氣開關並將它轉到 100% 時，他的視線開始模糊，隨即失去了知覺。

等到皮鶩天恢復知覺，他發現一片灰綠的大地正在眼前旋轉著，顯然飛機已進入螺旋，高度錶的指針正快速往逆時鐘方向旋轉，他只能藉著千呎指針知道當時他的高度正在兩千呎與三千呎之間。在這個高度如果不及時改正，飛機將很快在地面砸出個大坑。於是他立刻將駕駛桿向左前方推去、踏滿左舵，同時將油門加滿。做完這幾個動作後，飛機很不情願地扭了扭，並停止了旋轉，由螺旋狀態中改了出來。

火燒肉身，再不逃就來不及

正當皮鶯天慶幸自己在關鍵時刻由昏迷中醒了過來，並將飛機由螺旋中改出，他發現飛機的發動機並未在油門加滿的狀態下有任何反應，耳中所聽到的僅是風的聲音。他將視線掃向儀錶板，發現汽缸頭溫度正在下降，岐管壓力只有二十九·九二英吋，那是外界的大氣壓力而已，這表示發動機已經熄火！螺旋槳雖然還在旋轉，但那只是像座風車在風的吹動下旋轉而已。

當時的高度是一千三百呎左右，空速僅有一二〇浬，於是他將機頭推下，讓飛機再度進入俯衝狀態。在這種狀態下飛機的空速可以很快增加到一五〇浬，然後按照緊急程序啟動發動機，但是經過兩次嘗試，螺旋槳依然僅是風旋而已。

飛機的高度已經降到五百呎左右，不再有可能飄降回機場。他通知塔台，表示飛機故障停車，已無法飄降返場，同時開始四下觀察，想找一塊平坦的土地迫降。

飛機的左前方有一塊田地，由空中看來似乎平坦，於是他操控著飛機對那塊田地飄去。飄降過程中他將座艙罩打開，肩帶拉緊，總電門關掉，然後緊握駕駛桿，看著那逐漸浮上來的大地，準備承受觸地時的撞擊力。

飛機接近那地面時的高度已不足五十呎，而且下沉速度很快。皮驚天在判斷飛機即將觸地之前，將駕駛桿輕輕拉回，他本以為這樣拉平飄後很快就會觸地，沒想到飛機抬起機頭後，卻一直貼地前進，直到快飛出那塊田地時，機腹才擦到地面。

霎那間飛機開始劇烈抖動，像是一隻被困的巨獸，以驚人的力量向各個不同的方向衝撞。迫降前他原本以為自己已將肩帶拉緊，但在飛機觸地時的衝撞過程，他才發現其實拉得還不夠緊，頭在座艙中隨著飛機的衝撞而大幅擺動，也不知道頭有沒有撞到什麼。不過，可以確定的是，在飛機停下來之前，他已經昏眩過去了。

不知過了多久，皮鷲天被身體四周灼熱的溫度給驚醒。他眼睛剛睜開就看見橘紅色的火苗在機頭附近竄舞。他意識到飛機在地面衝撞時一定是將油管撞破，燃油碰到炙熱的發動機後開始燃燒，他繼而想到座艙旁邊的機翼內還有許多燃油，他必須在火勢蔓延到機翼之前逃離座艙，要不然後果實在不堪設想。

皮鷲天趕緊將安全帶解脫，然後由座艙中站起，正預備向左跨出座艙時，他發現頭部卻被氧氣面罩拉住而無法動彈。原來飛行帽上的氧氣面罩及無線電的電線還插在座艙內的插座上，他只有快速將氧氣面罩、無線電與飛行帽一併扯下，然後跨出座艙。

剛跨出時，他注意到右手的手套似乎被刮破了一大塊，破掉的那片皮還在右手腕處掛著。可是他很快想起那天上飛機時，他並沒有戴手套，於是再仔細往右手看去，這才發現那是右手背上的一大片皮膚！原來他在昏迷時，右手被火燒到而起了一個大水泡，當他伸手將飛行帽及配件扯下時，將那個水泡碰破，那片破皮就在手腕處掛著，才讓他誤認為是刮破的手套皮。

皮鷲天站在機翼上，看著火勢已逼近自己，於是縱身一跳，由機翼上往

P-47 迫降焚毀的驚險畫面，周圍來了許多圍觀的民眾。

下跳進水田。沒想到跳進水田後，雙腳卻陷入水田的泥水中，無法外拔，稍一用力腳卻由鞋中退出，他只好穿著襪子，在水田中奔跑了一陣子，再跳上田埂，這樣才跑得更快了。

水田旁的道路邊上有一棵樹，皮驚天就跑到樹後，靠在那裡休息同時觀看飛機的狀況。這時他看到有一個男孩在樹旁大聲哭喊著，細問之下，才知道男孩牧放的一條牛被飛機撞死了，他拍著男孩的背告訴他，不用擔心，國家會賠償他的。小男孩聽了一直點頭，然而還是不斷地哭，因為他的牛朋友再也回不來了。

——

這次的意外事故，後來經過修補大隊的一位維修官檢查過飛機殘骸及聽了皮驚天所述說的經過後判斷，當皮驚天將增壓渦輪的開關關閉時，因為電線老舊，控制油氣進入汽缸的活門開關電線與增壓渦輪的開關電線搭鐵，讓那個活門關閉，活門關閉後沒有油氣進入汽缸，發動機因而熄火。而高壓的油氣混合體既然無法進入汽缸，就往回將座艙增壓器的管路活門衝開，導致油氣混合氣進入座艙。皮鷔天也實在幸運，因為那時座艙內如有任何一點火花的話，他絕對逃不過那一劫！

皮鷔天在空軍中服役空勤十年，始終沒有飛過全新的飛機，他與他的同僚們一直是駕著老舊飛機在執行保衛領空的任務。他於民國五十一年調入戰管單位，因為值班時間正常，他有了固定的時間可以做他感興趣的事情。

他在軍官外語學校受訓時，見到英文打字機非常方便，轉而想到如果能將中文打字機設計成英文打字機一樣方便，不就可以造福國人嗎？於是他開始思考及設計中文打字機。英文是由二十六個字母組成所有的單字，中文卻沒這樣的方便，必須另闢蹊徑。經過多種嘗試，他終於設計出用中文電報碼及四角號碼均可輸入的「電動電碼中文打字機」，並在民國五十九年獲得中央標準局所頒發的專利。

雖然最終電動電碼中文打字機未能被廣泛使用，但皮鷔天教官在空軍中因為飛機老舊、常有故障發生，讓他吃了不少苦頭之後，卻在機械與電機方面闖出一片天，這毋寧是另一種的精神反射？

七、RF-104偵照任務——張延廷冒險奉命偵照釣魚台

民國七十九年十月，台灣區運動會即將在高雄舉行，當時的高雄市長吳敦義在計劃區運聖火的傳遞路線時，除了將澎湖、金門及馬祖等地安排在聖火路線上之外，位於南海的東沙島是在高雄市旗津區的轄區之內，所以將東沙島也放在聖火的傳送途中。

聖火在十月十五日由空軍的C-130運輸機送往東沙島，在當地繞島一周後，下午返回台灣，創造了區運聖火第一次前往東沙島的紀錄。

在成功將聖火傳達到東沙後，有人向吳敦義建議，區運聖火若是能夠送上釣魚台，則對領土主權的宣示更有意義。吳敦義聽了之後，立刻表示贊同。

而因為釣魚台是在宜蘭頭城鎮的轄區內，於是他先與宜蘭縣長游錫堃聯絡，游錫堃縣長受到聖火前去東沙島一事的鼓舞，當即表示贊同。

雖然游錫堃同意了這個建議，但因為釣魚台是個有爭議的島嶼，日本曾多次阻擾我國漁民在當地海域進出，所以吳敦義還是向上級做了請示，很快就得到了「可以」的指示。於是在十月十七日，高雄市長吳敦義正式對外宣佈，台灣區運聖火將傳遞到釣魚台，以示政府維護主權的決心。

當時的行政院長是軍系出身的郝柏村，他對這件事的態度是非常支持，曾在立法院強勢表示，傳遞區運聖火至釣魚台一事，若人民一切合法行動遭致侵害，政府有責任保護之。

任務指派直往釣魚台偵照

在吳敦義的高雄市府團隊，緊鑼密鼓地準備傳遞聖火到釣魚台的同時，空軍第十二偵照中隊也在十月十八日接到了命令：在第二天（十月十九日）派出 RF-104 偵察機兩架，前往釣魚台群島進行偵照任務。

當十二隊接到這個任務時[1]，第一個步驟就是挑選執行任務的人員。作戰官張延廷少校知道這個任務的重要性，因此在挑選人員時，他就將自己的名字先寫了下來，然後由當時在隊上的幾個人中挑選了丘育才上尉作為他的僚機。

張延廷是一位書生型的軍人，他在空軍幼校及官校時都是以第一名的殊榮畢業。平時除了本身軍職所需要的技術知識之外，他更是閱讀了許多政治、外交及歷史方面的書籍，這樣在觀察時事新聞時，他可以有更深層的體會與認識。

在新聞上看到吳敦義市長要前往釣魚台傳遞聖火的行動後，再接到前往釣魚台偵照的任務，他立刻意識到那是政府想了解日本軍方在島上有沒有任何軍事武裝設施，會不會對前往當地傳遞區運聖火的民眾有任何的威脅。他明白釣魚台群島在中華民國與日本之間的爭議，前往該處偵照絕對會引起日本軍方的攔截行動與外交上的糾紛，因此他的每一個動作都必須非常小心。

1 編註：民國七十二年八月一日，第十二中隊升格為獨立隊，名稱變更為「第十二戰術偵察機隊」。

張延廷與座機 RF-104 合影，當年因保密原因，飛機都不拍全身。

在規劃任務時，張延廷先向氣象單位詢問了第二天釣魚台附近的天氣狀況，結果發現那將是一個CAVOK（Ceiling And Visibility OK，雲高及能見度尚可）的天氣，這對執行偵照任務來說是個好消息。

因為這次偵照任務是要在四萬呎的高度執行，所以在做完航行計劃後，張延廷通知機務部門替兩架任務機裝上KS-125-KA97的高空全景掃瞄式相機。

第二天清晨，張延廷像往常一樣在早上六點鐘就抵達作戰室。那時機場已經是機聲隆隆，五大隊的F-5E戰鬥機已經開始一批批起飛，去執行訓練及巡邏的任務。在那雜吵的機聲下，他拿起電話再度向氣象部門詢問釣魚台附近的天氣，要確定在過去的十二小時天氣預報並沒有太大的變化，氣象部門給他的答案是正面的，天氣並沒有變化。

早上七點鐘，張延廷與丘育才兩人在作戰室開始做任務提示，張延廷很仔細地將所有與這次任務相關的資料，包括預備機、起飛時間、航路、高度、進入目標區的IP點、如果有日機前來攔截時的應對方法及返航時的路線，講解給丘育才上尉。丘育才也是很仔細地將重要的相關資料記到他的資料板上。

最後，張延廷表示這次任務將由十一大隊的 F-104G 擔任掩護，他們會在偵照機遭遇攔截的時候前來解圍。

準備完畢，雙機出動

任務提示完畢後已是接近八點，張延廷與丘育才兩人趕緊前往個裝室著裝。在拿起頭盔的同時，他們沒有忘記測試氧氣面罩及氧氣管，去確定那些裝備並沒有漏氣，在四萬呎的高空萬一裝備漏氣的話，將會導致非常嚴重的後果。

兩人搭小巴來到機庫時，兩架 RF-104G 已經準備妥當，機工長也都站在飛機旁邊等待飛行員的到來，預備與飛行員一同進行飛行前的三六〇度檢查。當時已是這型飛機的服役生涯尾聲，許多零組件都已停止生產，機務部門真是費盡了心思才能將每天所需的任務機及預備機準備出來。幾年前要執行兩機任務時，僅需要準備一架預備機就夠，但是後來飛機發生故障的情況越來越頻繁，像這樣的兩機任務竟要準備兩架預備機，僅是這個狀況就可以知道當時機件狀況的困難[2]。

張延廷與丘育才兩人在檢查完飛機後，先後登機。機工長也在飛行登機後，爬上登機梯，替飛行員的肩帶拉緊繫好，取下彈射座椅的安全插銷後，再步下登機梯，並將梯子移開。

這時張延廷在座艙裡將飛機的總電門打開，然後對著站在機下的機工長做出啟動發動機的手勢。一位站在氣源車旁邊的士官順手將氣源車啟動，立刻一股高壓氣流順著導管進入J-79發動機的渦輪部分，在高壓氣流的衝擊下，發動機開始緩緩轉動。

張延廷在座艙中兩眼盯著發動機的轉速錶，當轉速達到17%時，他將油門推到慢車位置，一股JP-4（燃油）隨即經過噴嘴以霧狀型態噴到燃燒室內，在那裡與經過十七級壓縮器壓縮過的高壓空氣混合後，立刻爆出一陣高溫高

2 編註：自民國七十九年起，F-104因受機齡老舊且零件補給不易，導致飛安事件頻傳，光是這一年便折損了六架飛機。十二隊的RF-104，機號分別是4386、4391、5663、5664，換句話說，很可能當天就是四架飛機都排入任務了。

壓的火焰及震耳欲聾的響聲，發動機的尾管溫度也隨之升高。張延廷看著正在升高的尾管溫度及已經穩定的轉速，他知道自己的座騎已經順利啟動了。

此時儀錶板上的其它儀錶也都向著順時鐘方向轉到它們該指的位置，張延廷很快檢查了一下滑油壓力及溫度、液壓壓力等重要的數字，所有的指示都在正常範圍內。他將照相機的開關打開，並將照相按鈕按下，然後盯著底片的計數器，看著上面的號碼開始轉動，在知道照相機運作正常後，他隨即將照相機關上。這時他將氧氣面罩戴上，然後按下油門把柄上的無線電通話按鈕：「Star Two, Star One, Radio Check.（星二號，這是星一號，無線電檢查。）」

丘育才馬上回覆了張延廷，表示無線電通話良好。

張延廷聯絡塔台，要求滑向跑道。塔台很快就同意他的請求，張延廷將油門向前推，發動機的轉速瞬間提高，他隨即又將油門再收回到慢車位置，但就是這瞬間的加速，卻已夠讓飛機由靜止狀態開始向前滑行。飛機滑出機棚後，他很快踏下煞車去測試煞車，飛機立刻停了下來。這時他注意到在隔鄰機庫的僚機也已滑出，並也正在試煞車。

張延廷對著丘育才揮了揮手，隨即放開煞車，操縱飛機對著〇五跑道滑去。

順利起飛，開始飛往釣魚台

桃園基地的主要機種是五大隊的 F-5E，只有十二隊是使用 RF-104G，因此每當十二隊的飛機出任務時，無論是滑行或是起飛都會引起許多人的注意。那天張延廷在滑過十七中隊時，也吸引了一些人的目光，當他們發現座艙裡坐的是張延廷時，都揮手向他打招呼。

飛機滑到跑道頭旁的四十五度邊，張延廷將煞車踏下，讓飛機停妥，他隨即將座艙罩蓋好鎖上，然後再伸手向上推了推，確認座艙罩已完全鎖緊，沒有任何空隙。隨後他將油門推到軍用馬力，在一萬五千磅的推力下，煞車似乎已無法拉住飛機，全機開始顫抖，這是起飛之前試大車的動作。張延廷的眼睛在儀錶板上很快檢查了一遍，所有的系統都正常運作，他將油門收回到慢車位置，然後慢慢滑行進入跑道。這時他知道這架飛機已經可以安全地起飛去執行任務了。

當天氣象部門在做氣候簡報時曾提到機場吹的是東北風，風速八浬，這對機場的〇五跑道來說是右側風，因此張延廷在提示時就曾提醒丘育才，編隊起飛時要用右梯隊。因此當張延廷滑進跑道時，他將飛機靠在跑道的稍左邊，很快丘育才將飛機在他的右後方停妥。

時間已接近九點半，是他們預定的起飛時間。張延廷向右後方看了一下，看到僚機已準備妥當後，他回頭看向在他前面伸展開來的跑道。那是一條他曾起落過多次的跑道，他曾由那裡出發前往對我方懷有敵意的地點執行偵照任務，今天他再度要由這同一條跑道起飛，前往一塊主權有爭議的土地，與我方有爭議的那個國家，竟是與我方有良好關係的國際友人。因此他在偵查過程遭遇對方所有反應及攔截，都必須非常小心處理。

當腕錶上的時間指到九點半整時，張延廷將油門推到後燃器的階段，同時將頭向前點了一下，這是給僚機開始起飛滾行的訊號。

兩架極端流線型的 RF-104G 在桃園基地的〇五跑道上快速衝刺，當時速達到一八〇浬時，張延廷將駕駛桿稍稍向後帶了一點，這使機鼻抬了起來。

NARA

在跑道上快速衝刺的 F-104，僅示意圖。

此時機翼的仰角也隨著機鼻的抬起而加大，這使機翼所產生的升力大幅增加。當飛機的速度到達二〇〇浬時，張延廷將駕駛桿再帶回了一些，飛機隨即昂首衝進了藍天，在它右後方幾呎的僚機幾乎也是同時離地。

兩架飛機離地後繼續快速爬升，張延廷先將起落架收上，當速度到達二六〇浬時，他再將襟翼收上，飛機此時已經完全以快速外型飛在空中。

當飛機高度剛到八〇〇呎時，張延廷將無線電的波道轉到桃園國際機場管制中心的離場台，並向它報到。離場台管制員知道那是一批要執行任務的軍用機，於是按照標準程序讓他們轉向三二〇度，並爬高到兩萬呎。

張延廷按照航管的指示向桃園機場的西北方爬高，當他飛到距桃園國際機場十五浬處時，他向桃園管制中心離場台報離。然後將無線電的波道轉到戰管，開始接受戰管的管制。

戰管給張延廷的第一個指示是轉向六〇度，並爬高到四萬呎。雖然 RF-104G 的性能是可以爬高到五萬呎以上的高空，但平時在本島上空飛行就很少爬到四萬呎的空層。在這個任務中戰管讓他們爬到這個高度，是希望萬一有日機前來攔截時，他們有足夠的高度可以反應。

釣魚台近在眼前，電子干擾通訊亂成一團

飛在四萬呎的高度，空中是一片蔚藍，翼下的太平洋則是一片深藍，張延廷對著釣魚台的方向快速飛去。這時基隆以北的北方三島（花瓶嶼、棉花嶼及彭佳嶼）成了他相當好的檢查點，他先是由花瓶嶼的北方通過，在四萬呎的高空要看到那面積還不到半平方公里的花瓶嶼，還真是需要犀利的視力。飛過花瓶嶼幾分鐘後，他由棉花嶼與彭佳嶼之間通過，彭佳嶼及棉花嶼都比花瓶嶼要大，因此他由飛機的左右兩側往下看，看到了那兩個由空中看去如米粒般大的島嶼。

剛通過那兩個小島，張延廷發現在座艙罩的前下方似乎有一個小點，他盯著它看了一下，原來是在遠方天際，十一點鐘方位下方一個慢速移動，但還看不出機型的飛機，他向戰管報告這個發現。戰管即刻回覆那是一個Bogey（不明機），並很驚奇在那麼遠的距離他都可以目視得到。

通過彭佳嶼後，張延廷又繼續飛了幾分鐘，釣魚台主島在飛機正前方出現，那個在他初中時代就聽到保釣運動中的島嶼，就在自己眼前出現，他心

中不免激動。但是此刻他正在執行一項重要的偵照任務，他必須抑制自己激動的心情，認真地去執行任務。

他按下通話按鈕，並說出：「Happy Gold（戰管的稱呼），Star One，對時。」這是當天的一個暗號，「對時」並不只是他要確認時間，而是告訴戰管他已接近目標區，並即將開始照相。說完之後，張延廷就將照相機的電門打開，並按下拍照按鈕。這時座艙左側的照相機指示燈顯示著綠燈，旁邊的碼錶也開始轉動，表示照相機運作正常，正在將機下左右各六十度的所有地貌及設施完全記錄在照相機的膠卷上。

幾乎就在同時，張延廷耳機中傳來了一個相當奇怪口音的喊話：「中華民國空軍的飛機，你已經進入日本領空，請立刻脫離。」原來那是日本航空自衛隊用G頻道對他用國語的喊話。這個喊話對張延廷沒有任何影響，他還是維持航向由釣魚台的西南方往東北方飛去。

張延廷沒有理會日本的呼叫，但在一百餘浬之外的空軍作戰司令部及戰管也都收到了這個呼叫，在不願惹出更大麻煩的意念下，開始呼叫張延廷右轉脫離。此時張延廷已通過釣魚台主島，於是他開始向右轉一八〇度，他要循原路再通過釣魚台主島一次，不過這次是比原先通過的路徑更靠東邊一些，將附近的南小島及北小島更清楚地攝入鏡頭之內。

耳機中戰管焦急呼叫他脫離的聲音加上日本對他的呼叫，顯得非常雜亂，雖然張延廷一再向戰管回報他已右轉，但是戰管像是根本沒聽到似地持續呼叫他即刻右轉脫離。為了確定自己的無線電是否出問題，以致戰管無法聽到他的發話，他呼叫僚機，讓他向戰管回報飛機已經右轉。但是情況依然，這使他懷疑日本方面已經用電子干擾裝備將他們的無線電覆蓋住了。在了解戰管為何聽不到他回話的原因後，他並沒有驚慌，因為他知道即使戰管聽不到他的回話，也可以由雷達上看到他的蹤跡。

任務漂亮完成，但後續發展令人遺憾

張延廷在完成了向右一八〇度的迴轉後，由釣魚台主島稍東的上空通過。從後視鏡中，他清楚看見僚機丘育才還是緊跟在他右後方低半機的位置。他很清楚這樣所獲得的空照相片絕對可以讓參謀本部的參謀得到他們所想知道的情報。

張延廷第二次通過釣魚台群島上空後，繼續保持二四〇度的航向飛行，並將照相機關閉。這樣又飛了幾分鐘後，戰管似乎可以聽到他的發話了，他很高興終於飛出了日本電子干擾範圍。恢復正常通訊後，戰管很快讓他轉向一八〇度向正南飛去，這不是正常返航的方向，他不知道為什麼戰管要帶他走這條路，但他沒有發問，只是按照戰管的要求將機頭轉向正南方。

這樣飛了幾分鐘後，台灣在他右前方出現，在這同時他在飛機的正前方看到了幾個島嶼，他立刻知道那是日本的八重山群島。看到那些島嶼，他突然了解戰管要讓他往這邊飛的理由了，因為再繼續往南飛幾分鐘，飛機就會由與那國島旁邊通過！

張延廷將照相機再度打開，讓飛機沿著我國飛航識別區（ADIZ）的邊緣繼續往南飛。

等到兩架飛機已經通過與那國島後，戰管才通知他們向右轉向二七〇度，張延廷轉過去之後，伸手將照相機的開關關閉，對著花蓮的海岸線飛去，他知道他又完成了一次任務，只不過這次的目標卻是自己的國土。

這次偵照所拍得的相片在當天就送到參謀本部，張延廷並不知道參謀本部的參謀們在看到那些相片後，對上級做了些什麼簡報。但是他卻知道兩天之後，在十月二十一日的凌晨三點，台灣區運會的聖火隊搭乘「上賓一號」一海釣船自宜蘭南方澳出發，前往釣魚台。上賓一號在下午一時左右抵達釣魚台外海五浬處，在那裡遭受日本海上保安廳十三艘巡防艦艇包圍，空中還有直升機監視。雙方僵持四個小時後，終因日方強力阻撓，不得已於下午五時四十五分折返台灣，放棄了聖火登上釣魚台宣示主權的計劃。

對於這個結果，張延廷感到有些遺憾，但是他也知道這就是情勢比人強的後果。

張延廷後來曾擔任過十二隊的隊長，然後於民國八十八年在政治作戰學校的政治研究所博士班以第一名畢業並取得博士學位。民國九十年他在擔任空軍照技隊隊長時，又取得副教授的資格。之後他更於民國一百年，擔任空軍航技學院校長時，成為國軍史上第一位由少尉起就開始擔任作戰任務，並從未間斷部隊經歷，而取得教育部頒發正教授資格的軍官。他在民國一〇九年以空軍中將官階由空軍副司令退休。他也是空軍幼年學校歷史上最後一位由空軍中退役的校友！

八、P-51長程任務——朱安琪永誌不忘，嚴仁典代已走上不歸路

民國三十四年四月三十日，第二次世界大戰正接近尾聲，蘇聯軍隊已經接近到柏林的元首地堡不到一公里處。德國元首希特勒在知道大勢已去後，於當天下午與他結婚不到兩天的妻子伊娃・布朗在地堡內自殺身亡。

德國在希特勒死亡後，又苟延殘喘地撐了一個星期，最後終於在五月八日向同盟國無條件投降。至此軸心國三個國家中，義大利與德國都先後投降了，僅剩下在亞洲的日本還在做困獸之鬥。

當時的中國戰場，中華民國空軍與陸軍已經開始反攻行動，預期很快就能將日軍驅逐出國境。

當年六月九日，位於湖北恩施的空軍基地，清晨六點多已是人聲鼎沸，停機坪上停滿了 P-51 野馬式戰鬥機，地勤人員正忙著替那些飛機加油掛彈。四大隊的作戰室裡也是擠滿了人，除了十四位全身披掛的飛行員之外，還有一群大隊的參謀人員也坐在那裡，等待著任務提示。

擔任任務提示的大隊作戰參謀將牆上地圖的布簾拉開後，大家看著用紅筆標示出來的目標區是「杭州」時，都不由自主的「哇！」了一聲。這除了杭州是中華民國空軍官校的原址之外，自從民國二十六年杭州淪陷之後，也是空軍將第一次執行對杭州的作戰任務，這對大家的心裡上是一大震撼。

作戰參謀繼續將每位飛行員的編隊位置說明，當天預備出動十四架 P-51 戰鬥機。飛機分成兩批，第一批四架是由二十三中隊的代理隊長舒鶴年中尉領隊，三號機是由自美返國從軍的朱安琪中尉，當時他是二十三中隊的分隊長，他與舒鶴年兩人都是官校十一期的同學。這四架飛機是飛在整個編隊的最前端，高度是七千呎。另外十架飛機是由二十一中隊中隊長領隊，比前面四架晚一分鐘起飛，要飛在一萬五千呎的高度。

根據情報，日軍在杭州的筧橋機場仍駐有大量的零式戰鬥機及空運機，因此這次任務的目的就將那些飛機摧毀。飛在前面的P-51的主要任務就是當誘餌，當日軍飛機起飛來攔截這四架飛機時，飛在後面高空的十架飛機就會由高空俯衝而下，將日機殲滅。清除敵機後，全機隊將集合並對杭州地面的設施進行掃蕩。

新接手P-51，性能讓人滿意

作戰參謀的提示後，氣象官也針對氣候做了簡報，基本上航路上的天氣都差不多，除了在武漢附近一萬呎空層有些疏雲之外，其它都將是晴朗無雲的天氣。在場接受任務提示的飛行員都點頭為這種天氣叫好，因為最少在這來回六、七個小時的任務中，天氣將不會對他們造成任何困擾。

當天空軍第一路軍區司令張廷孟上校也在作戰室裡參加提示，他對卜卦非常有興趣，通常會在任務前對整個任務卜一個卦，想預先知道任務的成敗。那天他在氣象提示完畢後，對所有的飛行員做了一個簡短的訓話，表示當天在杭州筧橋機場將會有一批為數不少的日機，因此他要求每位飛行員務必將機場內所有的飛機一網打盡。

說到這裡時，他注意到坐在最後一排的朱安琪。那天早上朱安琪剛洗過頭，而恩施地區的水因為礦物質含量高，洗完頭後所有的頭髮都會聳起來，梳了多少次都無法將它們搞順。張廷孟上校對著他叫了一聲他的名字，朱安琪立刻站起來向張司令敬了個禮。大家回頭看著朱安琪的頭髮，立刻爆出一陣大笑。

「朱安琪，你好好飛，這趟是你第二次長途任務，回來之後再飛一次長途任務，我就放你假，讓你回重慶去會女朋友。」張上校知道朱安琪在重慶有個相當要好的女友，兩人的結婚申請書已經填好，預備在下個月中旬就舉行婚禮。

「報告司令，不用再出一次任務，他天天夜裡都在夢裡飛回重慶！」一位同僚在旁邊戲謔地說了一句，大家又是爆出一陣大笑。

任務提示完了之後，朱安琪中尉步出作戰室時，發現廚房已經替每位飛行員準備了簡單的餐盒及水壺，餐盒裡面僅是兩個夾著醬肉的饅頭。那時他們已經吃完早餐，因此這兩個醬肉饅頭將是接下來七個小時他們唯一可以充

從美歸國從軍的朱安琪。

飢的食物。根據幾天前他去攻擊南京的經驗，全程七個半小時的任務，也許是因為亢奮的關係，他完全沒有飢餓的感覺，但他卻在回程的路上將水壺中的水都喝完了。因此這次他除了正常的餐盒及水壺之外，又多拿了一個水壺。

這次任務所使用的 P-51D 是上個月才從印度接收回來的新飛機。朱安琪還記得他和他的同學嚴仁典中尉，及另外兩人在一個月前飛往印度接收這型飛機時，美籍教官對他們非常信任，完全沒有經過任何帶飛，第一次上飛機就讓他們駕著起飛了。

由於他們每個人都差不多已經有二十幾個小時 P-51C 的飛行時數，所以朱安琪在第一次飛行時不但一點生疏的感覺都沒有，還立刻愛上了這型飛機的氣泡型座艙罩，對它清楚的視野讚嘆不已。

那天由印度飛越駝峰返回國內的途中，朱安琪隨著長機飛到兩萬呎高空，輕鬆翻越重重山嶺，飛到昆明落地。在那趟航程中他就知道日機縱橫中國天空的日子已成過去。P-51 這種飛機的高度與速度絕對是零式戰機無法招架得住，勝利該不遠了。

炙熱的重慶陽光，喚起對加州溫暖的記憶

上午八點半，十四架野馬式戰鬥機都已依序啟動，停機坪上充滿了發動機啟動時的白煙，派卡V-1650-7梅林水冷式發動機（Packard V-1650-7 Merlin）的特殊聲響也籠罩著整個基地。為首的那四架飛機在舒鶴年中尉的率領下先進入跑道，他在確定三架僚機都已進入跑道後，伸手將油門推滿，飛機在大馬力的推動下開始前衝，他頂著右舵的腳都可以感覺到飛機在發動機扭力下向左偏去的傾向，但預先頂住的右舵讓飛機筆直地往前衝去。

四架飛機很快衝進了藍天，對著東方飛去。飛機剛爬到兩千呎，還在繼續爬高的時候，朱安琪的耳機中傳來了他僚機的聲音，僚機向他報告發動機超溫，溫度計的指針已經接近紅線，必須立刻返航。朱安琪聽了之後，轉頭向左看了一下，發現僚機的高度比他低許多，而且冒著白煙，於是他馬上回覆僚機，讓他立刻調頭返場落地。

朱安琪不斷地轉頭注視著那架正調轉機頭向回飛去的僚機，直到他已經看不到那架飛機的蹤影時，才專心跟著長機繼續爬高。這時他不禁想到，就

在四天之前，六月五日執行前往南京的任務時，二十四中隊的曹仁壽中尉，於起飛滾行時發動機發生故障，一直放砲。當時正在四十五度邊等待進入跑道的朱安琪，眼睜睜地看著曹仁壽的飛機衝出跑道，撞到跑道盡頭的一道小矮牆，然後爆成一團火焰。朱安琪自己的飛機起飛時還由那燃燒中的黑煙中通過，當時他還希望曹仁壽能夠由燃燒中的飛機逃出。然而幾個小時之後，當他返場落地時，卻得知曹仁壽沒有躲過那一劫。當時朱安琪的心中只感到一陣刺痛，因為就在前一個星期他還在重慶白市驛機場外面，見到了曹仁壽的太太正抱著一個嬰兒向他道別。

任務這天第一批的四架飛機爬到七千呎改平後，長機舒鶴年下令試槍，朱安琪按下駕駛桿上的機槍扳機，頓時機翼上六挺五零機槍對著飛機前方噴出六道火流。飛機在機槍發射的同時也微微顫抖，雖然隔著座艙罩，朱安琪仍然聞到了那股鞭砲爆炸時的火藥氣味。那股味道頓時讓他血脈賁張，就像

聞到血腥味的狼似的，他要上戰場大開殺戒了。

由恩施飛往杭州的第一個大的地標檢查點就是武漢。這時的武漢雖然還在日寇的控制之下，但已經沒有任何戰鬥機可以升空來攔截這批正飛往杭州的野馬式戰機。朱安琪在七千呎的空中往北看，王家敦機場上似乎一架飛機都沒有，多年前日軍對重慶及成都大肆轟炸時，所有的轟炸機幾乎都是由那裡起飛，如今卻是空曠一片，看來侵略者果真是已走到他們的末路盡頭了。

當天的氣象預報還真是準，通過武漢附近時，一簇簇的白雲就在朱安琪的頭上，將耀眼的陽光給遮住了。等到飛過武漢不久，那些雲堆就被甩在飛機後面，長機銀白色的機身在太陽照耀下，閃閃發光。朱安琪將不久前才在美軍的PX花了快一個月的薪水買的那副雷朋太陽眼鏡戴上，他記得這副墨鏡曾讓他在重慶市區招來不少羨慕的眼光。

看著太陽，朱安琪不禁想起加州的太陽，那裡燦爛的陽光曬在身上，是一種溫柔的感覺，而不會像重慶的陽光會讓人感到炙熱與刺痛。想到加州的陽光也讓他想到了在那裡的父母，離開加州回國參戰已經五年了，這五年間母親每封信上都充滿了對他的思念與擔憂。雖然他一直告訴母親部隊的生活很好，請她不要擔心，但是下一封信還是充滿了對他在戰場上人身安全的擔心。不過，朱安琪也明白對任何一個母親來說，有個兒子在萬里之外從軍作戰，絕不是一件容易「放心」的事。

領頭分隊三缺一，任務繼續

機隊在安慶附近由長江上空飛過，朱安琪通過之後，根據地圖知道杭州就在他們前面約一二〇浬處，大概二十多分鐘後就可到達。長機舒鶴年搖了搖機翼，讓他的僚機向左右疏開。本來他們這一批該有四架飛機，但因為四號機發生故障飛了回去，因此只剩下三架。朱安琪將自己的飛機向右拉開約五百公尺，這樣他就可以很清楚地看到另外兩架飛機的動態。

西湖在朱安琪的眼前出現，這個在先期學長口中湖柳繞堤的美麗景色，他已無心欣賞，隨著長機對著位於西湖西北方的筧橋機場俯衝而去。當他們俯衝到低於一千呎高度時，飛機已經接近筧橋機場外圍，機場附近的防空砲火開始對空射擊，朱安琪飛在砲火之中，眼睛卻盯著前方看，他所看到的機場停機坪上空無一物，他不敢相信自己的眼睛，任務提示中所說明的大量零式戰機及運輸機，根本不存在。他不知道是情報錯誤，或是日軍已預先知道我方將在這天襲擊機場而將所有飛機撤走，反正停機坪上沒有一架飛機。

飛在長機左側的二號機大概由他的方位看到地面機堡裡有幾架飛機，他向長機報出所看到的目標後，長機舒鶴年向左一壓機翼，對著滑行道邊上的機堡俯衝而去。朱安琪見狀也跟著對那邊俯衝下去。他雖然也看到幾個機堡裡的飛機，但他的角度卻無法對著那些飛機開火，於是他只有向飛機前下方的棚廠開火。

朱安琪的飛機由機場上空通過一次後，他幾乎可以確定這次任務是白搭了。長機舒鶴年不服氣的調轉機頭，預備重新低空通過一次，看看日方是否將飛機藏在機場某地。這時第二批的十架飛機也已飛抵現場，他們由高空俯衝而下，見到空曠的機場時，也是一陣愕然，只有對著機場內的建築及設施開始掃射。

一時十三架P-51戰鬥機在機場上空往返穿梭，對著地面所有的建築開火，最早對空開火的地面防空砲位，在幾次被飛機低空掃射後沉默了下來，砲位及棚廠附近躺著一些不會再動的士兵。這時朱安琪在低空通過時，看到機場邊上有兩個不起眼的平房，似乎用了一些障眼的樹枝放在房頂上面。他將飛機拉起，翻轉而下，對著兩個小平房衝了下去，並對著它開火，沒有想到五零機槍的火流掃進不起眼的小平房後，竟然引起了爆炸。他的飛機就從那爆炸的火焰中衝過，爆炸時的空氣波動，幾乎將他的飛機震翻過去。

孤機返航，遭遇不明機衝過來

大吃一驚的朱安琪趕緊將搖擺不定的飛機恢復平飛，同時緊張地檢查飛機的儀錶，確定飛機所有系統都還運作正常。這時朱安琪看到飛機正飛在一條大河上方，根據他大腿上的航圖，他知道下面的那條大河該就是錢塘江。這時機場應在自己的後方，他將駕駛桿帶回，讓飛機爬高，然後再調轉機頭，就在飛機轉過來後他看到了遠處的幾團黑煙，他知道那裡就是他們剛才攻擊的機場了，但他卻看不到任何我方的飛機。

就在這時他聽到耳機中傳來長機舒鶴年呼叫他集合的聲音，並告訴他機隊在機場的西南方，正往西湖飛去。

朱安琪按下通話按鈕，告訴舒鶴年他隨後就到，但對方似乎完全聽不到他的聲音，還在繼續呼叫他。然後耳機中傳來另一個聲音，告訴舒鶴年他看到機場邊上的爆炸，說不定那就是朱安琪的飛機被擊落時所引起的爆炸，朱安琪一聽立刻再度按下通話按鈕，大聲宣佈他沒被擊落，但是所有人都似乎沒有聽到他所說的話，還在那裡討論他是怎麼被擊落的。朱安琪這時知道他的無線電已失去發話功能，必須趕快追上其他的飛機，讓大家知道他安然無恙。

朱安琪先將飛機對準西湖飛去，在那裡他還是沒有看到任何飛機，他急著在西湖繞飛了一圈，確定舒鶴年沒有在那附近等他之後，他將機頭對準西方飛去。他知道只要往西飛就一定會碰到長江，找到長江後回恩施基地就不會有問題了。

朱安琪就這樣飛了幾分鐘後，他突然看見一架飛機飛在他的左前上方，也在往西飛去。對方的高度比他要高出許多，一時他還看不出飛機的型號，而這時那架飛機似乎也已經看到他了，開始對著他俯衝而下。朱安琪趕緊拉起機頭對著那架不明機衝去。此時他覺得他腦後的毛髮似乎全豎立起來了，如果那架飛機是日機的話，那麼一場空戰即將爆發。他想起幾年前自己駕著I-16俄式戰鬥機與日本零式戰機交鋒時，因為飛機的性能相差太大，自己只有挨打的份。那次如果不是自己的技術比日本飛行員稍高一籌，將I-16的性能發揮到極致，那天很可能就無法安全回家了。他想著這次如果那架對著他俯衝而下的飛機是日機的話，那麼今天他絕不能讓那架日機飛回去了。

等到兩機接近到一定距離時，朱安琪看出那架飛機是一架尖頭的飛機，而日本在中國戰場上並沒有任何尖頭的飛機。他幾乎可以斷定那該是一架與自己一樣的P-51野馬式戰機，於是他開始搖擺機翼，向對方表示自己是友機。等雙方快速通過彼此時，他看清楚了對方確實是一架野馬式戰機。

兩架飛機在互相了解都是友機後，開始減速向著對方接近。等兩架飛機編好隊形，朱安琪看清楚了那架飛機的飛行員是二十一中隊的副隊長趙曜，原來他也是與編隊失聯，這樣兩架飛機就一同編隊飛回恩施。

在杭州起死回生，徐州逃過一劫

當天下午三點鐘，朱安琪回到恩施落地，當他剛下飛機就被舒鶴年及一群隊友衝到他的飛機旁邊，興奮地將他抬了起來。大家都認為那團爆炸的大火就是他飛機墜地時所引發的，而在那種情形下墜地，是不可能有存活的機會，因此那些正在哀悼他的戰友看到他的飛機返場歸來時，都激動得不得了，這真像是起死回生啊。

當天在任務歸詢時，每個人都對情報的失靈感到憤怒。十三位飛行員來回飛了六個多小時，竟然只是擊毀了地面兩架飛機及幾棟房屋，實在令人失望。不過在任務歸詢後作戰參謀宣佈，兩天之後的六月十一日，會有另一個前往徐州攻擊機場的任務，這才使那些年輕的飛行員的心情稍微平復了下來，畢竟大家都是希望能早日將日軍驅逐出國境。

六月十日上午，作戰室外面的黑板上列出了第二天前往徐州任務的人員名單。朱安琪很高興看到他與舒鶴年兩人的名字都在上面，這表示徐州任務之後，他就可以回重慶與他的女友相會了。

與朱安琪同寢室的嚴仁典看了那份任務名單之後，將朱安琪拉到一旁對他說：「你已經出了兩次這種任務，而我一次還沒有出，你看這次讓我替你出這個任務怎麼樣？」

嚴仁典是朱安琪在官校十一期的同學，前一陣子因為住院所以耽誤了幾次任務，這一陣子他才剛出院回到隊上，完成複訓後就急著想出一次這種長途的大任務。

朱安琪本來是打算飛完第二天的任務之後，就可以回重慶去輕鬆幾天，如果把這個任務讓給嚴仁典去執行，那麼他很可能就要等中隊輪調回重慶時，才能與女友見面了。但是看著嚴仁典渴望的表情，他有些心軟。

嚴仁典是與朱安琪相當要好的朋友，朱安琪不忍心讓好友失望。他想了個折衷的辦法，他對嚴仁典說：「這任務不是我排的，我們不能自己說換就換。我看不如你去找舒鶴年，他現在是代理隊長，任務人員也是他指定的，如果他說好的話，我是無所謂。」朱安琪是想著，搞不好舒鶴年會認為嚴仁典在剛完成複訓的情況下，不適合出這種任務，那他也不用自己直接去拒絕了。

沒想到舒鶴年卻答應了嚴仁典的請求，將任務名單上的朱安琪換成了嚴仁典。這種情況下，朱安琪真心希望嚴仁典能在這個徐州任務中旗開得勝。

六月十一日早上五點，朱安琪還躺在床上，嚴仁典已經穿掛整齊，在離開寢室前他還對著朱安琪揮了揮手，並說道：「謝啦，同學，謝謝你讓我替你出這趟任務。」

任務機群是上午八點由恩施起飛，朱安琪站在作戰室前目視著那八架飛機分兩批離地，他想著五個多小時後，就可以在同樣的地點歡迎他們凱旋歸來。

那天下午一點多，出征的機群返場時，站在作戰室外面迎接他們的人群臉上都帶著悲傷的表情。由無線電中大家已知道嚴仁典的飛機在掃射地面時，被防空砲火擊中，他曾試著跳傘，但因高度太低，傘未全開人就已經墜地，幾位目睹狀況的隊員都表示在那個情況下墜地，實在是凶多吉少。

朱安琪在得知這個消息時，整個人都愣住了，他不敢相信那是事實。在他看來，嚴仁典就是頂替自己為國犧牲的。如果兩人沒有替換任務，那麼當天他在重慶的女友，就會接到他已陣亡的惡耗，而遠在太平洋彼岸舊金山家

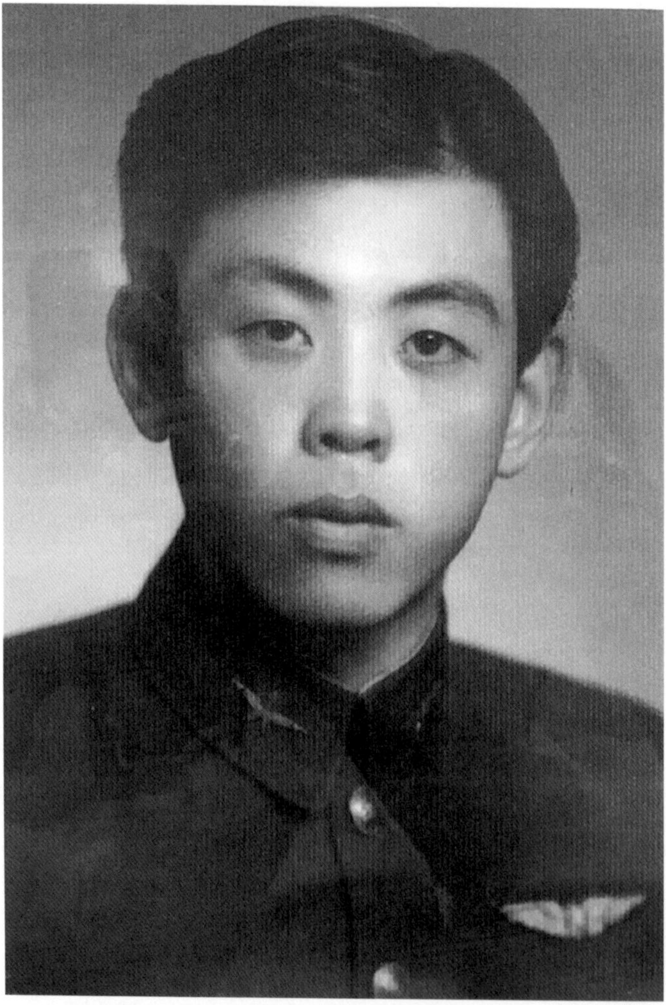

掛在朱安琪書房的嚴仁典照片，時刻提醒自己存活下來的意義。

中的父母，也會在幾天之內接到一封報喪的電報。然而，這一切都因為嚴仁典臨時的替代而未發生。相反的，嚴仁典在北平的父母將永遠見不到他們的兒子了。

徐州任務之後兩個多月，日本終於在八月十五日宣佈向盟軍無條件投降。朱安琪與舒鶴年兩人在當年的十一月間曾一同前往徐州，在當地人的協助下，他們找到了嚴仁典簡陋的墳墓，他們僱人將遺骸挖出，並將之火化，然後將骨灰帶回北平，交給他的家人。

朱安琪對嚴仁典的殉職一直銘記在心，他一直認為是嚴仁典替他走上了黃泉之路，因此當他在民國三十八年九月回到美國安定下來後，他就在書房牆上掛上了一幀嚴仁典的相片，讓自己永遠記得是因為他的犧牲，自己才有之後所有的成就！

九、T-33 訓練任務——劉守仁領悟身為師者的不容易

「我來！」就在飛機開始失速前顫抖的那一霎那，坐在 F-5F 後座的劉守仁上尉知道情況緊急。他喊出將接過飛機的控制權後，立刻將駕駛桿向右前猛然推去，改平坡度，並將油門推到後燃器階段。

在做完那兩個緊急動作後，飛機機頭隨即下垂、機翼改平，但兩具 J-85 發動機一時還沒反應，直到幾秒鐘後噴射發動機尾管才噴出了火焰。劉守仁上尉看見對著他迎面撲來的灰綠色大地，抓緊油門推桿的手在過度用力的情況下開始顫抖。他知道如果在幾秒鐘之內飛機的狀態無法改正的話，那麼……

劉守仁的雙眼抽空往儀錶板看去，空速錶的指針已經開始向順時鐘方向轉動，有了速度就可以改變飛機的姿態，於是他將駕駛桿輕輕拉回，飛機的機頭隨之由俯衝狀況中改平，但升降速率錶顯示飛機在慣性下還在下沉。他不敢增加拉桿的力量，若是在速度尚未上來之前，機頭抬得太高是會失速的。而在這個高度失速的話，神仙也幫不了他！

升降速率錶終於顯示飛機開始爬高，兩具J-85發動機在後燃器的推動下，推力達到頂峰，飛機爬升速率開始增加。劉守仁增加了帶桿的力量，讓飛機以較大的角度開始爬高。看著飛機的空速錶指針及高度錶指針都在快速地向順時鐘方向轉動，他伸手將起落架的手柄收上，將起落架收進機腹。

前座的學員Hawk被剛才的狀況嚇住了。他知道如果不是後座劉教官在關鍵霎那接手的話，飛機該已經在豐年機場的五邊砸出一個大坑。他由後視鏡看了劉教官一眼，劉教官似乎有感應似的，也在那時看了一下後視鏡。還好Hawk頭盔上的黑色護目鏡是拉下的，所以即使是四目相交，Hawk還可以暫時躲在護目鏡後面，不必直接面對劉教官嚴厲的眼神。

飛機達到三千呎高度後，劉守仁將飛機轉向右前方的志航基地。與塔台

劉守仁上尉與 F-5E，這架採用的是頗有特色的東南亞迷彩塗裝。

聯絡後，加入高一邊，衝場後向右邊拉開，然後在志航基地的跑道上做了一個很正常的落地。

飛機滑回停機坪停妥後，劉守仁將發動機關車，並將座艙罩打開。機工長剛將登機梯掛在座艙邊緣，就迫不及待地爬上登機梯，對著劉守仁說道：「教官，你們到哪裡去超低空了？」

「誒……怎麼了？」劉守仁沒有直接回答機工長的問題。

「你們起落架上還掛著樹枝哪！」機工長說著跳下登機梯，並指了指機腹下面的主輪說道。

劉守仁聽了之後，急急地由座艙中跨出。剛下飛機他就看見了在左主輪的支架上，掛著一段樹枝，上面的樹葉已被風吹脫，但樹枝卻仍緊緊卡在支架上。

看著那段卡在起落架支柱上的樹枝，劉守仁這才意識到他與死神真是擦身而過。豐年機場五邊上沒有太高的樹，頂多就是三到五公尺。如今飛機帶著一根樹枝回來，表示飛機最低的時候僅距地五公尺，不到兩層樓的高度！他們能安全回來真是上蒼的庇佑。

就是過不了那個坎

那天是民國七十四年五月的某一天，一群受訓的學官已經完成了在台東志航基地的部隊訓練，即將分發一線單位。這天，聯隊長官要求教官們帶著學官去飛幾趟左航線的起落。志航基地通常是使用〇四跑道進行起落，該跑道的左邊是山丘地形，右邊則是太平洋，這種情況下本場航線的三邊自然就在跑道右邊，所有學官在受訓期間都是飛右航線。而在西海岸的幾個空軍基地則因為右邊是山，左邊是海的緣故，通常都是飛左航線。這樣剛由部訓隊完訓的學官在分發到西海岸的基地時，有些人就會有些不習慣。因此那些西海岸部隊的長官就要求部訓隊在結訓之前，務必要訓練學官飛幾趟左航線。

志航基地因為左邊就是山丘，因此不適合做左航線的訓練，但在附近的民用豐年機場左邊是一片平地，而且當時機場尚未開放使用，因此可以用來做左航線的訓練。

那一天劉守仁教官帶著學官 Hawk，到台東豐年機場去做左航線的訓練。在起飛之前的任務提示中，劉守仁上尉就將飛左航線所該注意的事項仔細講解，講解完畢後就立刻登機出發。

左航線與右航線其實完全一樣，只是轉的方向不同而已。照理說對於一個即將由部訓隊完訓，並有著三百多小時的飛行員來說，這該不是什麼大問題。但是那天Hawk在第一個航線中就有著三邊太窄的問題，這樣在由三邊轉四邊，再轉五邊對正跑道時，不但轉彎角度要很大，也不容易對正跑道。

劉守仁在Hawk重飛時，用機內通話將問題的癥結告訴他，然後讓他再試幾次。

Hawk一連試了幾次，都是同樣的問題，劉守仁也不厭其煩地講解，要他在二邊多飛一下再轉三邊。然而，像是中了邪一樣，Hawk始終抓不到重點，每次都是轉得太早，這樣三邊與跑道之間始終太窄，四邊轉五邊的角度就太大，無法對正跑道。

在第六次嘗試的時候，Hawk仍然是三邊轉得太早，坐在後座的劉守仁這時已失去耐心，他調侃著對Hawk說：「這個樣子你要是能轉進去的話，我腦袋剁下來給你當球踢！」就在說完這句話的當兒，Hawk也意識到他真是無法順利在五邊對正跑道，不過為了想賭一下運氣，他用力將駕駛桿往左後方壓去，想將機頭再往左帶一點，希望這樣能順利進場。

沒有想到，就是這麼一帶，整架飛機開始了失速前的抖動！

那天如果不是劉守仁上尉機警即時接手的話，那棵樹的樹枝就不會掛在起落架上，而是整架飛機就摔在那棵樹旁！

經過在鬼門關前飛了這一趟之後，回到作戰室做任務歸詢，當劉守仁上尉看見 Hawk 滿臉驚恐並等著被嚴厲責罵的表情，反而不生氣了。經過這幾乎墜毀的經歷後，他覺得 Hawk 的心中已經得到了最嚴厲的處罰，因此他僅是簡單地將剛才的經過說了一遍，並將他在幾個關鍵時刻所犯的錯誤解釋一輪，然後就讓 Hawk 退了出去。

劉守仁上尉隨即走出作戰室，看著蔚藍的天空，想著在藍天中飛行是人類自古以來的夢想。雖然在近百年來，人類已經成功地圓了這個夢，但並不是每個人都有能駕馭飛機的天賦。如果沒有足夠的能力就貿然駕機升空，那麼看似平和的天空，其實隱藏著許多陷阱，稍不留神就會造成「千古恨」的結局。就是幾年前他在官校學飛的過程中，也曾遇到類似的瓶頸……

一時頂撞後才懊惱

民國六十九年春末夏初之際，劉守仁還是空軍官校四年級的學生，那時他已順利完成了中興號的初級飛行訓練，並進入 T-33 的噴射機的高級飛行訓練階段。

那年端午節前不久的一天，教官正帶著他練習 T-33 起落。那天他的表現並不是很好，落地時總是蹦蹦跳跳地無法平穩落地。這不但讓教官非常生氣，劉守仁自己也是非常氣餒，不知道問題出在哪裡。

當天飛完那一課後，教官在講評時，有些生氣地對他說：「你還想端午節前放單飛？我看你端午節後就要被淘汰了，你到底有什麼問題？」

在傳統尊師的情況下，學生這時並不應回話，因為這是教官在訓斥學生，並不是真的在問學生有什麼問題。但劉守仁那天卻覺得他必須與教官溝通，而這句似乎在「問」他的話，正是他覺得該溝通的要點。

「報告教官，我不覺得我有問題。」劉守仁鼓足了勇氣對著教官說。

「你沒有問題，那怎麼會飛成這個樣子？」教官有些奇怪，這個學生怎麼敢在這個時候說話，但是他卻覺得該聽聽學生為什麼有這種反應。

「報告教官，每次在我還沒發現問題之前，你就已經先發現問題，並開始叫我改正，或是替我改正，而我從頭到尾都不知道問題在哪裡。」

「原來你飛得不好是我多話！好，明天你飛行我一句話都不說，我看你怎麼把飛機砸掉！」教官說完在講評欄上寫下「不及格」，然後大步跨出作戰室。

劉守仁非常沮喪走出提示室，回到飛行生寢室，在寢室大樓前的台階上坐下，點上一根菸，看著藍天，想著難道今生就與藍天無緣，就此要被淘汰了嗎？

一位初級組的師兄弟走過來，對著他說：「怎麼啦？在這裡拉個臭臉幹嘛？」

劉守仁嘆了口氣，將當天的狀況簡單告訴那位師兄弟。師兄弟聽了之後，反問他一句：「你落地的時候往哪裡看？」

「看機頭兩旁啊，這樣才可以判斷高度，來決定仰轉的時機啊。」

「怪不得你沒辦法落下來，我告訴你，往前看，看跑道頭，看到機頭與跑道頭的關係，你自然知道什麼時候該仰轉！」

聽了師兄弟的話，劉守仁有些遲疑，仰轉是要在適當的高度，他一直在進場時，往機頭兩側看，就是想藉著機頭與跑道的關係來判斷飛機的高度，繼而決定仰轉的時機，但總是無法抓到那「適當」的時機。不是拉得太早，飛機重落地，要不然就是還沒帶桿，飛機主輪就已觸地，然後飛機彈起。這種落地方式，難怪教官說要將他淘汰。

不過，已經到了要被淘汰的地步，任何建議在劉守仁看來，都是值得一試。

一個轉念發生的改變

第二天在飛行的時候，教官坐在後座真是一句話都沒有說，劉守仁在飛航線時的起飛與轉彎都沒問題，當他由四邊轉入五邊，對準跑道飛去時，一開始還是習慣性地往機頭兩邊看去。就在這時，他想起了那位師兄弟的建議，於是抬頭往前看，看著跑道頭。就在這時，他突然像是開了竅一般，順著機頭往前看，看到機頭與跑道頭之間的關係，真是就像師兄弟所說的，他很自然地感覺到了該仰轉的時候，將駕駛桿拉回，飛機輕輕下沉，然後兩個主輪在「吡」的一聲後觸地，而此時他仍然帶著駕駛桿，鼻輪也帶著。劉守仁自己都有些不敢相信這次落得這麼漂亮，他往後視鏡看了一下後座的教官，教官還是沒有說話，但表情卻是欣慰的。

「岡山塔台，三三兩兩[1]重飛。四邊輪鎖連續」說完就將油門推上，讓飛機做了一個非常漂亮的落地重飛（Touch and Go）。

就這樣劉守仁一連飛了五個航線，每次落地都是像第一次一樣的標準。他自己都非常驚訝昨天還是不及格的科目，今天竟然做得如此出色。在最後一次落地後，他將飛機滑回停機坪，非常興奮地跨下飛機，後座教官下了飛機之後，對著他說：「你個兔崽子，今天還真是飛得不錯！你準備一下，我跟班長說一下，馬上把你送考。」

很快地，高級組主任就安排了趙善滔教官來考核劉守仁的單飛能力。趙

1 三三兩兩（3322）是當天那架 T-33 的機號。

教官那時剛調到官校來擔任教官，是所有教官中期別最高的一位，平時一副撲克臉，非常嚴肅，讓人有種莫測高深的感覺。讓這位教官來考核，著實讓劉守仁心裡有些壓力。

這時劉守仁的教官走了過來，對他說：「趙教官面惡心善，不要緊張，按照剛才的飛法去飛就不會有問題。」劉守仁聽之後，點了點頭，並回說：「謝謝教官，我知道了。」

趙教官來了之後，對著劉守仁做提示，告訴他等一下飛三個起落航線，在飛行期間除非有重大飛安問題，考試官不會動任何操縱系統，如果沒有問題的話就可以立刻放單飛。其實這些程序劉守仁都知道，此時他心中既緊張又興奮，他不斷地對趙教官說：「是，教官。」

劉守仁與趙教官登上飛機、發動機啟動後，劉守仁與塔台聯絡時，發現因為風向改變，所使用的跑道已由先前的三六跑道改成一八跑道。雖然他也在一八跑道上起落過，但畢竟三六跑道是最常用的，這樣突然在考試時更換跑道，讓他心中緊張的情緒無形中提高了許多。

差點就又要出包了，卻學到了珍貴的一課

起飛後，劉守仁按照先前提示中所指定，飛了一個本場航線，在三邊開始下滑轉彎時，他注意到地面一處黃色屋頂的房舍，那是當地聲寶公司的廠房，他在第一次使用一八跑道時，就被告知那個黃色屋頂是最好的一個地標，在那裡開始下滑轉彎就沒錯了。

雖然心中極度緊張，但劉守仁仍然飛得有板有眼，在五邊進場時，他記著往遠處看機頭與跑道頭的關係，然後在適當時機帶桿仰轉，飛機平穩地落在跑道上。這樣一連飛了三個航線，都沒有問題。

飛機在滑回停機坪的時候，趙教官要他做起飛前檢查，劉守仁知道這該表示他通過了考試，喜悅的心情取代了原來的緊張。他按照記憶中的起飛程序，對飛機檢查了一遍，然後向趙教官報告起飛前檢查已完成。

「真的檢查完畢了嗎？」趙教官坐在後座用機內通話問他。

「報告教官，確實檢查完畢。」劉守仁將心中所記得的程序重新背誦一遍，確定所有程序都已完成。

「再想想，如果想不出來，我們就滑回停機坪。」聽到趙教官這樣說，劉守仁知道他一定是忘記什麼了，於是他再一項一項的在心中回想著那些程序，這時他看到了襟翼的開關。

「報告教官，我忘了將襟翼放到起飛的位置。」說著他將襟翼開關設置到「起飛」的位置。

「還好，你想起來了，要不然今天我就不會放你單飛了。好，現在把飛機滑到跑道頭，照剛才的方法飛，你沒問題的。」趙教官在後座笑著對他說。

劉守仁這時興奮得想叫，他終於可以駕著噴射機衝進藍天了！他強忍激動的心情，中規中矩地將飛機滑到跑道頭。飛機在四十五度邊停妥，他將座艙罩打開，趙教官跨出飛機，站在機翼上時，又對著他笑了笑，拍了拍肩膀說：「不要緊張，沒問題的。」他看著趙教官的笑臉，突然想起了自己的飛行教官在之前告訴他趙教官「面惡心善」的話，心中想著這真是一位慈祥的好教官。

趙教官跳下機翼後，劉守仁將座艙罩關妥，然後呼叫塔台：「單飛三三兩兩，進跑道。」就當塔台允許他進入跑道時，耳機中傳來另一個聲音：

「Beacon light（信標燈）。」

劉守仁聽了之後，猛然察覺他竟然興奮得忘記將信標燈[2]打開，他趕緊將開關打開，同時心中也一直告誡自己，不要太興奮，絕對要遵守規則，免得忘記一些程序而造成樂極生悲的後果。

幾分鐘之後，一架T-33由岡山一八跑道離地起飛。對於機場附近的居民來說，那只是每天上百架次中的一架，但是對劉守仁來說，卻是他此生的一個重要里程碑。民國六十九年六月十二日那天，他一個人駕著T-33噴射教練機飛進了藍天，也開啟了他此後三十餘年飛行生涯的大門。

雖然起飛前內心還告誡自己不要太興奮，但當他以三百多浬的空速飛在官校上空時，他還是忍不住地笑了出來，大聲地笑了出來，這笑聲中似乎還帶著幾滴眼淚！

飛機衝場後轉向三邊，這時他將減速板及起落架放出，順著三邊飛到聲

2 飛機背部及腹部都有一個旋轉的紅色信標燈，通常飛機啟動後就該將信標燈打開，但因為T-33的信標燈開太久的話，常常會被燒壞。因此官校當年就曾規定信標燈在地面時必須關閉，起飛前再打開。

寶牌的黃色屋頂時，他向左壓桿，讓飛機開始下滑轉彎，但就在這時他察覺到飛機似乎有點快，下滑轉彎時的空速該是一四〇浬，但他的空速卻高達一六五浬。他檢查了一下，油門是放在60%RPM位置，減速板也已經放出，飛機怎麼還是那麼快？

劉守仁由四邊轉向五邊時，飛機還是太快，他開始急了，他一定是忘了什麼，但是看著對著他飛撲過來的跑道，他卻腦筋一片空白，完全沒有了對策。

「Flap（襟翼），」耳機中此時傳來了這句短短的提示，原來他又忘了這非常重要的程序，聽到這聲提醒後，他這才回過神來，趕緊將襟翼放到落地的位置，飛機很快就慢了下來，他也順利地將飛機落在跑道上。

劉守仁將飛機滑回停機坪，停妥後關車，他打開座艙罩時看到教官就站在飛機旁邊等他了。

「單飛得不錯嘛，有什麼要報告的嗎？」教官以帶著揶揄的口氣問他。

這時劉守仁立刻知道用無線電提醒他的該就是教官本人。

「報告教官，我進跑道前忘了開Beacon，落地前忘了放襟翼。」

「忘東忘西，這樣子還單飛！去給我跑兩圈大坪！」

劉守仁那時還穿著抗G衣並揹著降落傘，但教官是要處罰他，他只能就這樣全副武裝，圍著大坪跑了兩圈，跑的時候雖然有些喘，但他的心中卻是興奮而激動的！

——

想到這裡，劉守仁意識到當天在豐年機場五邊的意外，他其實也要負一些責任，面對有些不開竅的學生，教官有時是會失去耐心的怒罵，但這對學生並沒有任何幫助，他學飛時的教官對他單飛那天所犯的過錯並沒有任何責罵，反而是細心提醒。

劉守仁上尉在那天學到了比飛行技術更重要的一課。

十、F-16起飛撞鳥——陳成彰驚險四分十三秒

四分十三秒有多長？

這不是個容易回答的問題，因為時間本身是不會變的，四分十三秒就是二百五十三秒。但是如果用人的感受來評估這二百五十三秒的長短，那就會得到許多不同的答案。美國的一句諺語：「Time flies when you are having fun」，意思就是說「在歡樂的情況下，時光飛逝」。但反過來說，在生死交關的困難狀況下，時間在感覺上絕對是渡秒如年！

前空軍二十一中隊中隊長的陳成彰中校，就曾遭遇過一個非常危險的飛安事件。整件事由發生到結束，僅僅只有四分十三秒，但是在他的感覺上，

那短短的二百五十三秒，卻是近乎停滯般的漫長，每一秒的變化都是生死攸關。即使在事後敘述經過，他也要數倍於此的時間才能將當時的真實情況詳述清楚。

那天是民國八十九年九月十九日，天色未亮，大部分人都還在夢鄉的時候，嘉義空軍基地就已經像往常一樣開始了忙碌的一天。五位飛行員（任務機四架，預備機一架）與早班的機務人員，正圍著各自負責維護的 F-16 戰機在做飛行前的檢查。飛行員即將起飛前往海峽上空執行拂曉巡邏任務。那是國防的第一線，他們是即將前往最前線放哨的尖兵。

尖銳的發動機響聲打破了日出前的寂靜，五架 F-16 戰機在各自機庫堡中按時啟動。幾分鐘後依序滑出停機坪，並對著三六跑道滑去。在太陽第一道光芒灑上嘉義基地之前，四架任務機已經凌空而去，而預備機則滑回。

同樣起早並已在隊長辦公室裡監督任務的陳成彰隊長，聽著那批巡邏機群起飛後逐漸減弱的聲音，知道第一批的忙碌已先告一段落。接下來就是上午七點半的一批考核飛行。仍然兼任 F-16 考核官的他，那天將對一位少校飛行官進行儀器飛行的年度考核任務。他看了看錶，已快到任務提示的時間了。

陳成彰站在 F-16B 旁，準備執行當天的任務。

當陳成彰中校進入任務提示室時，接受考核的那位少校已經在那裡了，他是一位有著一千多小時飛行經驗的飛行官。在飛F-16之前，曾飛過幾年F-104，是一位經驗相當豐富的飛行軍官。

當天的任務編號是U-402，雖然只是一次年度例行儀器飛行考核，但任務提示卻跟平時飛行任務一樣，在提示中除了包括使用跑道、訓練空域、天氣情況、進出航方式、儀器穿降程序及各科目要求標準等之外，還包括了相關科目歷年失事的複習及緊急狀況處置的口試。尤其是緊急狀況處置是相當重要的一道程序，如果沒通過，當天的考核科目就會取消。那天任務提示進行得相當順利，最後的緊急程序口試，受考人員也都安全過關。

接受考核，完成二代機飛官的要求

完成提示後，兩人聯袂前往著個裝室著裝。穿上抗G衣及求生背心後，依規定戴上頭盔及氧氣面罩，走到面罩測試器前，將氧氣軟管接頭接上，檢視有沒有漏氣的情形。這也是相當重要的一環，因為在接收二代戰機之前，空軍就發生過多起因氧氣軟管漏氣，導致飛行員在高空飛行時缺氧而昏迷的案例，因此起飛前的個裝（個人裝備）檢查也是固定的安全措施之一。

完成個裝檢查後，兩人提著頭盔袋搭上接駁巴士前往停機庫，並在他們即將駕馭的F-16B前停下。這時機工長將飛機的維修紀錄交給陳成彰中校並表示飛機狀況正常。陳成彰中校及前座受考少校兩人先後檢視了維修紀錄，確認之前的一些故障維修及例行維護都已完成後，隨即與機工長開始登機前的機外三六〇度檢查，確認發動機啟動前所有狀況都符合安全適飛狀態，並將所有掛著「飛行前移除」的紅布條插銷拆下。

陳成彰在這次儀器考核任務是坐在後座，這與二代機之前的戰鬥機儀器考核有顯著不同。以前在考核儀器飛行時，考試官是坐在前座，被考核的飛行員坐在後座，並有一個儀器罩將後座對外的視線完全遮住，後座飛行員就這樣完全根據儀錶的指示來操縱飛機，執行飛行考核科目及儀器進場。F-16B並沒有儀器罩的設計，而且後座操控與儀錶參考位置與前座也不盡相同，因此儀器考核改為前座受考，僅在不正常姿態改正的科目會要求受考人員暫時閉眼，由後座教官建立完全不正常姿態後，再讓學員睜眼後改正。

在儀器進場部分，由於各基地普遍均設有精確的ILS儀器降落系統（ILS, Instrument Landing System），因此在儀器飛行考核時，教官在後座仔細觀察前座是否能精確參考HUD（Head Up Display，抬頭顯示器）的指示，穩定操縱飛機進場，確認受考飛行員是否符合二代機裝備提升後的要求。

一切就緒後兩人跨進座艙，前座飛行員按照程序啟動發動機，隨著引擎逐漸加速及尖銳上升的運轉聲，儀錶板上大部分的儀錶開始向順時鐘方向轉動。前座飛行員開始按照「檢查表」（Check List）檢查每一個系統的儀錶指示。在儀錶指示穩定之後，前座飛行員接著扳動駕駛桿及踏下兩個舵板，讓機工長在機外注意看著各個操縱面的轉動正常。最後在確認INS（Inertial Navigation System，慣性導航系統）完成校準後，前座飛行員以無線電向塔台申請滑出。收到許可後，沿著滑行道滑向三六跑道頭。

飛機在進入跑道前的四十五度邊停妥，一位中隊機務室的機工長快速跑到飛機旁邊，開始執行最後的起飛前檢查。他以目視檢查飛機起飛外型是否正常、機外是否有漏油現象、安全插銷（起落架／武器）是否全部拔除、輪胎是否正常無超限硬痕、機外釦蓋板是否平整……等。機工長在完成了起飛前最後的安全檢查後，對著機內的兩位飛行員比出OK的手勢，再向他們敬禮。兩位飛行員回禮後，前座再以無線電向塔台申請進跑道起飛。

「Tower，U402進入跑道。」

「U402，Tower，地面風向三六洞，風三浬，三六跑道許可起飛！」

飛機在三六跑道頭停妥，前座飛行員將煞車踏緊，然後緩緩地加油門推至80%推力進行試車，來確定發動機在大馬力下依然運轉正常。飛機在普惠F100渦輪扇發動機的一萬四千磅推力下，輕微地顫抖著。如果不是煞車拖住的話，飛機該會立刻向前衝。兩位飛行員這時很快檢查了發動機的運轉狀況，確認所有的儀錶指示都在正常的範圍內。

前座飛行員用機內通話報出「前座Ready！」陳成彰聽了後隨即也報出「後座Ready！」。此時前座再度說出：「飛機正常，Go！」，並隨即鬆開刹車開始滾行，這時陳成彰習慣性的看了一下HUD上的系統時間，上午七點四十一分三十秒。

「吸鳥！吸鳥！」

飛機在跑道上加速得很快，陳成彰在後座看著前座非常專業地在空速到達七十浬時，將鼻輪轉向解除，到達起飛速度一三〇浬時向後帶桿，機鼻仰起，飛機隨即離開了地面。飛機離地後繼續加速，當空速到達一八〇浬時，前座報出「Gears Up」並將起落架手柄收上。起落架收起後，飛機成了完全流線的外型，快速對著蔚藍的天空衝去。

就在這時陳成彰中校發現前座所帶的仰角僅是十一度，這與嘉義基地考量周邊地障與低空鳥害所訂定的十二到十五度起飛仰角規定不符，於是他在對講機中提醒前座：「起飛仰角不夠！」這是當天他第一次以教官的口吻提醒前座。

前座立即增加了帶桿量，飛機的仰角也隨即增加到了十三度。就在飛機建立正確仰角，高度剛通過一百呎時，陳成彰突然聽見「砰」的一聲，機身隨之出現震動，發動機的聲音也由高頻的運轉聲，變成嬰兒嚎哭般的「哇嗚……哇嗚……」的聲音，而且運速極度不穩定。

陳成彰立刻將目光掃向儀錶板，想了解狀況，但隨即耳機中傳來了前座的驚叫聲：「U-402吸鳥！吸鳥！」，由於後座視野受到前座椅背遮擋，無法看到真正吸鳥的狀態。但在聽到前座的呼叫後，陳成彰這才驚覺到他們遇上了每個飛行員最不願意碰上的狀況，低空低速時發動機吸入飛鳥！

當時發動機持續地發出「哇嗚⋯哇嗚⋯」令人頭皮發麻的怪聲，發動機的推力指示下降，而且轉速持續上下擺動非常不穩定，就在這時耳機中又傳來一聲：「U-402你的尾管有噴火現象！」陳成彰聽出來那是在飛輔室裡當班的一位呼號為SEGA的分隊長，正在對他們發出警告。

這時飛機的高度還不到五百呎，空速開始下降，發動機還持續發出怪聲。這種現象讓陳成彰中校知道發動機受損的狀況應該不輕，本想立刻收油門落在剩餘的跑道上，但他很快發現剩餘的跑道長度已不足以讓飛機落地！

狀況非常危險，但「時間」卻似乎變慢了！

「機頭鬆下來，油門加到最大！」

一個直接而單純的念頭閃入陳成彰的腦海——「彈射跳傘」！他低頭看了一下兩腿之間的彈射拉環，只要將那個拉環向上一拉，F-16所配備的馬丁貝克彈射座椅就會將他及前座飛行員，由被鳥擊而即將失去動力的飛機中彈射出來，不需幾分鐘他們兩人「也許」就可以安全落到地上。當然這一架價值上億的F-16B雙座機也會隨之墜毀，在一陣火焰中灰飛煙滅！

然而…這個決心要何時下達？

前座飛行員大概也被這突來的意外狀況驚擾到有些不知所措，在發動機推力大幅減低的狀況下，飛機開始喪失高度，而他則是下意識地將駕駛桿向後帶，企圖維持高度。陳成彰看著機頭已上仰到二十五度，攻角隨即加大，然而空速持續下掉、高度卻沒有上升。他知道飛機即將進入失速狀態，如果不即刻改正，很快就會失速墜毀！

為了不讓飛機狀況惡化到不可挽救的絕境，當時的第一要務就是維持飛機在可操控的狀況下，而減少攻角、遏止失速則是那時唯一的選項！他立刻呼叫前座飛行員：「機頭鬆下來，油門加到最大！」前座沒有遲疑，立即按照指示鬆機頭、並點燃了後燃器！

在那緊急關頭，陳成彰沒有親自將油門推到後燃器階段，因為F-16B的設計，後座無法開啟後燃器，只能由前座飛行員將油門推桿向外側扳動，跨越止擋後才能往前推動去啟動後燃器。由於當天的任務是儀器飛行考核，並沒有外掛載，所以只是用「軍用推力」起飛[1]。然而，在吸鳥後導致發動機部分推力消失時，陳成彰直覺啟動後燃器應可以增加所需的推力。

「U-402，你的高度沒有維持！」

耳機中又傳來飛輔室提醒的聲音。陳成彰知道那是飛機鬆下機頭後導致的高度消失，而在這同時空速緩慢開始增加。他並沒有為掉高度一事感到擔心，因為只要有速度，就可以將速度轉變成高度。

此時陳成彰慣有的冷靜已取代了先前短暫的驚慌。目前雖然狀況很糟，但他已有信心可以掌控情況，將飛機落回機場，「彈射跳傘」的念頭可以暫

1 編註：軍用發動機在不使用後燃器下之最大推力。

時擱置！

此時他之前所學習過的「緊急處置三原則」也在腦海中呈現：

一、保持飛機操縱

二、分析情況並採取適當措施

三、儘可能或視情況可能迅速落地

當時飛機尚能控制，他也已了解狀況，當下最重要的就是儘快落地。然而按照正常程序，他必須飛一個機場的大航線，才能轉回三六跑道落地。

雖然抬頭顯示器上的空速指示已超過二百浬，高度也在持續增加，但發動機仍然持續地發出怪聲及抖動。這種情況下陳成彰實在不知道飛機是否還能飛完大航線再回到三六跑道落地。

為了能盡快落地，這時陳成彰做了一個關鍵性的決定，他按下油門把柄上的通話按鈕，呼叫塔台：「嘉義塔台，U-402申請逆向落地！」

「U-402，塔台，機場淨空，許可一八跑道逆向落地！」塔台很快批准了他的請求。

塔台在回應陳成彰請求的同時，立刻將一八跑道末端的攔截網升起，同時將三六跑道離場端的攔截網放下，以防萬一飛機由一八跑道落地無法正常煞停時，攔截網將會是攔下飛機的最後一道防線！

在聽到塔台許可逆向落地的指示後，前座飛行員立刻開始向左急轉，但是他操縱轉彎的坡度太大，在瞬間G力增加的影響下，飛機的速度及高度明顯下降。看到這個情形，陳成彰腦海中瞬間閃過一段慘痛的往事。

揮之不去的發動機低鳴怪聲

民國八十年五月二十四日，陳成彰在官校時的一位陳姓同學，於台南基地駕F-5E起飛，一具發動機失效。陳同學因急著返回機場落地，沒有讓飛機先平飛加速至可操控的速度，也沒爬升至安全彈射跳傘高度（兩千呎以上），而是匆促採取小航線進場。在四邊轉五邊對向落地跑道時，因為坡度太大，導致升力不足，飛機失速墜毀於機場北面跑道外。陳同學在飛機失速且低高度時才啟動彈射跳傘，造成傘未順利張開就墜地身亡的悲慘事故！

想到這裡，陳成彰立刻用機內通話通知前座：「不要轉太急，坡度小一點！」前座聽到提醒後立刻減小了轉彎坡度，讓飛機得以維持足夠的升力及速度繼續轉彎。這時陳成彰在後座只是注意著前座操縱飛機的手法，並沒有直接接手，他認為這是一個很好的機會讓前座真實去體驗，當飛機在發動機故障時操縱進場與落地。只要前座能控制情況，正常操縱飛機進場，陳成彰並不打算介入，不過他已做好了隨時接替的準備。

轉彎過程中飛機的空速已達三百浬／時、高度也接近三千呎，但發動機仍然以嬰兒嚎哭似的怪聲在運轉，這種聲音聽在耳裡實在令人不安。當飛機的航向變換約九十度向西時，前座飛行員突然傳來請示的聲音：「教官，我將發動機關車？」這使陳成彰大吃一驚，他連忙喊出：「不要，不要！油門收到IDLE（慢車）就好！」陳成彰自覺當下發動機只是部分推力消失，但仍在運轉，如果關車就會完全沒有動力，那麼成功迫降的機率將大為降低！

當飛機終於轉過來，機頭對向一八跑道頭時，時速已達到三八〇浬，高度也爭取到三千八百呎。此時距離一八跑道頭尚有三浬左右，這種情況下陳成彰覺得可以繼續往前飛，加入三六跑道的「低關鍵點」（Low Key），以「模擬熄火迫降航線」（Simulated Flame Out）由三六跑道進場。但這時前座仍繼續遵從原先的指令對準一八跑道逆向著陸，並已開始做帶G減速的S形轉彎以消耗飛機多餘的速度與高度，為了不影響前座繼續向一八跑道進場的判斷，陳成彰沒有作出任何新的指示。

前座飛行員此時將減速板放出，以增加阻力消耗過多的高度及速度，接著又做了三次帶G的S形轉彎，其中一次因轉彎G力太大而導致失速警告聲短暫響起，但這卻有效地減低了飛機的速度。當空速降到起落架伸放速限二九〇浬以下時，前座適時放下起落架以增加減速效果。雖然一開始時進場高度稍高，但目前姿態已符合熄火落地要求，一切都漸趨於安全進場條件。

陳成彰持續在後座監控，沒有干擾前座的操作。

飛機通過清除區進入跑道上空後，前座飛行員很精準地帶桿讓飛機仰轉，兩個主輪在正常的著陸區觸地，讓陳成彰緊繃的情緒放下了一大半，儘管發動機仍是以可怕的聲音在運轉著。

飛機還在快速地於跑道上滾行著，前座飛行員在速度降到一八〇浬時，將阻力傘放出，這讓飛機很快就慢了下來。就在這時，前座用無線電通知塔台：「塔台，U-402跑道上關車！」陳成彰注意到前面三六跑道頭的四十五度邊還有另外兩架即將執行作戰任務的F-16在待命起飛，他們顯然已經被自己這架緊急情況下採取逆向落地的飛機延誤了些許起飛時間，如果這時又在跑道上關車停下來，勢必導致跑道暫時關閉、影響作戰任務機的任務遂行。加上飛機還可以繼續滑行，實在沒有在跑道上關車的理由，於是他立刻通知塔台：「塔台，U-402正常脫離跑道！」幾乎就在同一時刻，飛輔室也傳來了相同的指令，看來那批在四十五度邊的飛機真是急著要出發了。

受創的F-16B很快就脫離了跑道，並滑向退膛區。前座飛行員在那裡將發動機關車，耳邊持續嚎哭的發動機怪聲終於停止。陳成彰又習慣性地看了一下儀錶上的系統時間，七點四十五分四十三秒，距飛機鬆剎車開始滾行，到飛機安全脫離跑道關車，僅僅只有四分十三秒！而他在這短短時間內，竟遭遇了此生最大的驚險，幸而只是有驚而已。

陳成彰與前座飛行員兩人下機後，督察室飛安官已偕同發動機維修人員趕到退膛區，大家共同檢視了飛機的所有狀況，除了在進氣道左側邊有發現飛鳥（研判是機場附近居民飼養的鴿子，而為了識別鳥腳上都配戴有金屬環）擦撞的血跡外，發動機壓縮器的第一級葉片有三片末端嚴重扭曲外翻，還有幾片輕微變形，甚至部份葉片中段已產生裂紋。

陳成彰與飛安官都覺得如果留空時間再多幾分鐘，只要一片壓縮葉片斷裂飛脫，整個發動機將會報銷，機身內部多項系統都可能失效，那麼陳成彰與前座飛行員就只剩下生死未卜的彈射跳傘一途了！

陳成彰事後曾多次回顧這次發動機吸鳥的經過。他覺得在飛行生涯中所經歷過的多次緊急狀況中，這次事件是最短暫但也最嚴重的。事情發生得那麼突然，高度及速度都是那麼低，即使是身為後座教官都剎時有手足無措的感覺，遑論比他資淺的前座飛行員。

幸好他本身在極短的時間內就恢復鎮定，並迅速研判飛機狀況，下達正確的決心與指示，讓飛機始終保持在可以操控的狀態，最終才能化險為夷、安全落地。他也相信這一次的事件對於前座的飛行員來說，絕對是彌足珍貴的經驗。前座少校飛行員雖對所有的技令及手冊都非常熟悉，卻從未經歷過瞬在旦夕的真實緊急狀況。經過這一次事件之後，前座絕對會是一位更穩健成熟的飛行員。

十一、IDF單飛儀式——李文玉倡導人性化單飛儀式

單飛，在飛行領域來說是非常重要的一環，代表了一個人已經有了單獨操縱飛機的能力。這除了要瞭解飛機操控的方法之外，還要對飛機各個系統、氣象及領航有了基本的認識，才能在帶飛教官與考核官的核准下得到單飛的機會，因此實在是一個值得大肆慶祝的時刻。

在空軍的傳統，完成單飛的人，通常在落地之後會被同學扔到游泳池，弄個渾身濕透。象徵經過這個「洗禮」之後，就往探索航空的路途上進入了另一個層次，從此在藍天中有了一塊屬於自己的空間。

空軍飛行員的「單飛」過程並不只一次，而是每次換裝一種新型飛機，

就需要有一次「單飛」，以證明自己已有能力來駕馭這種新的機型。因此「單飛」這個步驟，在空軍官校飛行訓練時就要經過兩次。以現況來說，第一次是初級訓練時的 T-34 教練機，進入高級組後的另一次單飛，則是 AT-3 自強號噴射教練機。當然，在這兩種機型完成單飛後，每位飛行生都會被同學們扔到泳池裡，然而那些人由泳池中爬出來時都是面帶微笑的，因為，這實在是個非常光榮並值得慶祝的成就。

在通過層層考驗，獲得了那枚銀光閃閃並代表崇高榮譽的飛行胸章後，這群雛鷹就被送到台東的志航基地去接受部隊訓練。當年在那裡他們不但要換裝 F-5E/F 戰鬥機，也要熟悉戰鬥部隊的運作與作息。由那裡完訓後，再根據個人的性向與國家的需要，分發到 F-16、幻象 2000 或 IDF（Indigenous Defense Fighter，經國號戰機）的第一線作戰部隊，開始擔任捍衛領空的重任。

分發到經國號戰機部隊的飛行員，不管是派到台南三聯隊或台中一聯隊，都要先到台南一聯隊第一作戰隊接受 IDF 的換裝訓練，第一作戰隊的任務就是訓練空軍中所有的 IDF 飛行員。

二〇〇九年七月，李文玉上校[1]接任空軍第一作戰隊的隊長。他是空軍中非常傑出的人才，無論在飛行或是學術方面，他都有著出類拔萃的表現。當年從部訓隊結訓時，就因為飛行技術優良而直接被調到假想敵中隊成為當時該隊最年輕的隊員。幾年之後，他考取一九九二年國防科技公費留學中唯一的航空管理名額，進入英國愛丁堡大學，並在兩年後取得碩士學位。一九九九年被派往美國擔任空軍副武官，二〇〇五年又被派往日本擔任空軍武官。有了這些歷練後，空軍在他由日本回國時，將他派到軍情處國際情報組擔任組長。就在擔任情報組長的這段期間，他又利用公餘時間完成了美國空軍戰爭學院的函授課程。也就是因為這些在國內的飛行職務及在國外的文職工作經驗，讓他比一般同時期的幹部有著更廣闊的胸襟與視野。

1 編註：更多李文玉的故事，參閱《飛行線上》，〈晴空雷擊—李文玉中央山脈遭雷擊〉。

讓家人共同參與飛官的里程碑儀式

就以上這些歷練背景，在接掌空軍唯一的 IDF 訓練隊，並全盤了解這個單位的運作情形之後，李文玉開始思考除了要維持部隊的正常運作之外，在哪一方面可以讓它更有活力？

他很清楚訓練隊與一般作戰隊最大的不同，就是前者的大部分隊員在這裡僅是過客，在完成 IDF 的換裝訓練後就會分發到其它的作戰隊，去擔任真正保衛領空的任務。那麼，第一作戰隊在那些隊員的軍旅生涯中，會留下什麼樣的印象？

他想起了在美國擔任副武官的時候，有一次參加美軍的晉階典禮。他驚奇地發現為晉升者掛上新官階的人竟不是那些人的長官，而是晉升者的家人。在那本該是非常嚴肅的場合，竟是充滿了歡笑與親情的流露，那是在他駐美期間印象非常深刻的一個慶典。

他又想到每位在他隊上完成 IDF 單飛的學官，都會被同學丟到泳池或是將水澆在身上來慶祝那個值得紀念的一刻。雖然他知道那是空軍的傳統，但

李文玉帶領下的第 1 作戰隊，展現出的是軍人活潑的個性。

是他覺得那種將渾身弄濕透的慶祝形式，在T-34初級教練機單飛時舉行是OK的，因為那是在探索飛行的道路上第一個關卡，因此渾身弄濕就有點像宗教的洗禮一樣，表示已經進入了這個行業。但如果在後續的AT-3高級教練機及部訓隊的F-5E都以同樣的方式來慶祝，就是千篇一律而沒有創意了。

李文玉上校覺得一位飛行軍官由官校到部訓隊，再到IDF的幾次單飛中，IDF的單飛該是最有意義的一關。在正常情況下，飛行軍官大概不會再有換裝其他機種的機會，因此IDF將會是他日後在服役期間，與其關係最為密切的機種。因此，李文玉上校認為IDF訓練隊的單飛慶祝儀式，應該要比渾身濕透的方式更為隆重一些。

這時他想到了美軍晉升典禮中將家人請到現場，為新官掛階的輕鬆活潑儀式。他繼而想到，如果類似的儀式能在某位飛行軍官進行單飛的那天，將他的家人、至親好友請到現場，來看他在飛行前著裝，進行登機前的檢查、然後目睹他駕著價值千萬美金的高性能戰機起飛凌空而去，那將是多麼震撼人心與激勵士氣的事情。

有了這個想法之後，李文玉上校先是向聯隊長做試探性的口頭呈報，結果聯隊長聽了之後，很是贊同。但在一切都必須遵守程序與法規的軍中，聯隊長還是要他將這個建議寫成報告呈上，這樣相關單位也可以對這件事表達各自的意見。

沒有想到報告送上去之後，政戰部門有了不同的意見，他們表示這會有洩密的風險。根據李文玉隊長的建議，邀請的對象包括家人及至親好友。在沒有對那些人做背景調查之前，就貿然讓他們進入基地，更讓他們在近距離下接近戰機，實在不大妥當。

對於政戰部門的這種關切，聯隊長表示了解，但他認為那些人都是飛行軍官相當熟識的人，而且至親「好友」主要指的是飛行軍官的親近女友，他們該不會有安全方面的顧慮。再說，近年來國防部每年都會舉行基地開放，讓一般民眾進入基地參觀，那些參觀的人也是沒有經過背景調查，但同樣會近距離觀察戰機。相形之下，讓飛行軍官所邀請的人來參與慶祝單飛的儀式，要比讓一般人進入基地參觀所擔的風險要小許多。

經過聯隊長的說明後，政戰部門也就沒再有其它的顧慮，而同意了這件事。至此李文玉隊長就可以將原本只是渾身濕透的簡單慶祝儀式，變成一個在家人的注視下，一飛沖天的溫馨慶典。

別開生面、永生難忘的單飛經歷

在李文玉上校的策劃下，即將進行單飛的前幾天，由李隊長署名邀請飛官的家人前來觀看飛行軍官的IDF首次單飛。如果飛官尚未結婚而已有了親密女友，那麼女友也在邀請之列。

這在空軍算是創舉，因此名單上的賓客都是非常興奮地接受邀請，當時還有人專程由外島搭飛機到台南來參加這難得的慶典。

到了當天，單飛的飛官還是像往常一樣到作戰室去接受任務提示。應邀的親屬則依規定在上午九點抵達基地大門口。李隊長派人到機場大門將客人接進機場，此時將要單飛的飛行軍官已完成了任務提示，正在個裝室著裝，在那裡他與應邀前來的家人與友人見面。大家也許在之前曾經看過飛行軍官穿著全套的飛行裝備與飛機合影的相片，但在親眼看著他們所熟悉的親人將抗G衣及求生背心等一件件穿上身時，仍然不免激動。最後，看到飛官將飛行頭盔戴上，並將氧氣面罩插上測試儀去確認氧氣面罩及管路並沒有漏氣的狀況時，他們頓時了解飛行的每一個環節都是馬虎不得，就連看似簡單的氧氣面罩，在每次飛行前都要仔細檢查。

完成著裝後，單飛的飛行軍官與伴飛的教官兩人提著頭盔袋搭上接駁巴士前往機庫。家人則在李隊長安排下搭另一輛小巴前往。在那裡，他們看到了國人自製的IDF戰鬥機，對絕大部分的家人來說那是他們第一次如此近距離見到第一線的戰鬥機。一方面是好奇，另一方面，自己最親近的人即將駕著它翱翔藍天，因此大家更是極度的興奮。親友跟隨即將單飛的飛官腳步，做起飛前三六〇度檢查，一起圍著飛機繞了一圈。雖然不了解所檢查的項目與要點，但是他們堅信那是一項非常神聖且重要的步驟。

兩位飛行員坐進各自飛機的座艙後，站在機旁的機工長隨即拿了幾副耳罩給在場親友，請他們戴上。因為飛機即將啟動，而噴射發動機的噪音對聽覺是會達成傷害的。

兩架飛機先後啟動，依序滑出停機坪，對著跑道滑去。那些家人搭上小巴前往跑道頭旁的飛輔室，他們將在那裡目視飛官駕著高性能的噴射戰鬥機凌空而去。

任何曾站在跑道旁目視噴射戰鬥機起飛的人，都永遠不會忘記在後燃器的巨大響聲中，飛機帶著熊熊火焰衝進藍天時的震撼。對於那群家人來說，看著親人駕著IDF噴射戰鬥機衝進藍天，所感受到的並不只那聲音及景象所帶來的震撼，更有心靈上的讚嘆。不到十年之前，坐在戰機內的親人還是個矇矇懂懂的少年。曾幾何時，少年如今竟能自己操縱著價值千萬美金的高性能戰機一飛沖天，這對任何一位父母來說都是會感到驕傲的時刻。

家人的理解是飛官的動力支柱

目視飛機起飛後，所有人再度登上小巴，前往第一作戰隊的隊部。這時李文玉隊長已站在隊部門口迎接他們。李隊長將他們迎進隊長辦公室後，先是謝謝他們將自己最親近的人送進空軍，執行保家衛國的重任。然後他話鋒一轉，對過去三個多月，他們的親人待在基地內不得外宿一事，對他們說聲抱歉。

李隊長向他解釋，因為在那段期間，待訓的飛行軍官必須將IDF戰鬥機的所有系統完全了解透徹，例如在飛機儀錶板上看到任何一個指示時，不但要了解那個是什麼意思，更要知道那個儀錶所代表的系統是如何運作，還有跟其它系統有著何種的關係。一旦在飛行時有儀錶顯示不正常狀態，就可以瞬即決定對策。

摸清楚飛機上所有的系統後，下一步就是進入模擬機訓練。在這個階段，新科飛行員根據之前數百小時的飛行經驗，加上對飛機系統的了解，再由一位教官在旁指導下，讓他在模擬機中熟悉飛機的性能。在這之後就是最後一個階段——雙座機飛行，此時新科飛行員該已經對這型飛機相當熟悉，如果帶飛的教官覺得他在雙座機上的表現都合乎標準，就可以進行單飛。

李文玉隊長此時再次強調，就是因為訓練的過程相當嚴謹，為了讓年輕的受訓飛行軍官心無旁騖的完成單飛，所以才會有不得外宿的規定。在座家屬中有些曾認為三個多月不准外宿的規定有些不人道，但在聽了李文玉上校的解說後，也紛紛表示了解。

四十餘分鐘之後，單飛的飛機也到了該返場的時候了，李隊長於是再安排大家搭車前往停機坪，去歡迎他們最親近的家人單飛歸來。

單飛的飛機落地、滑回停機坪時，單飛飛行員見到親友已經在那裡等候，興奮的心情油然而起。他以英雄式的姿態跨出座艙，步下飛機後，接受家人或女友的獻花，再與全體來慶祝他單飛的親友們在飛機前合影，完成了這非常人性化的慶祝儀式。

溫馨又難忘的驚喜

新的慶祝方式得到所有受訓飛行軍官及家人的高度肯定，然而這種儀式的高潮，是發生在舉行過好幾次這種慶祝方式之後的。一位在李文玉上校接掌第一作戰隊之前就已完成單飛的許隆翔上尉，對於新穎的慶祝模式非常嚮往，但因為他已完成單飛，錯過了這別開生面的新儀式。但就在他完成IDF戰備，即將要離開第一作戰隊前往三聯隊報到之前，他找了個機會前去見李隊長。許隆翔對李文玉表達希望能在他飛最後一項課目時，能像那些單飛的飛行員一樣，請女友到基地來見證他的成就與分享他的喜悅。更最重要的是，他預備在那天向女友求婚。

對於許隆翔上尉的這個請求，李文玉上校當場高興地答應。然而，這關係到許上尉的終身大事，李隊長還特別讓他與他的同學務必對求婚的過程做周密且完整的計劃。

在許上尉結訓前的最後一次飛行前數日，女友彥臻就接到了李文玉隊長的邀請前往台南空軍基地，去見證男友許隆翔上尉的光榮結訓。

許隆翔與彥臻兩人已經交往多年，彥臻也曾多次到機場來探望過隆翔，對於軍中的活動與生活都已相當了解。所以當他接到李隊長的邀請時並未多想，只道是另一次進空軍基地去探望男友的機會。

彥臻很快就發現她錯了。之前她到基地幾乎都是許隆翔沒有勤務在身的時候，所以活動的空間多半是軍官俱樂部或是空勤餐廳。但這次當被帶到個裝室去看著許隆翔穿抗G衣及求生背心時，她被現場精實又嚴肅的氣氛給驚嚇到了。

許隆翔在著裝時一反平時幽默逗趣的天性，反而非常嚴肅地注意著每一個環節，之後在停機坪進行起飛前三六〇度檢查時，那種細心的態度，與他

成功的「單飛求婚記」，讓兩人留了永生難忘的回憶。

平時看似大喇喇的態度大不相同。這使彥臻突然意識到，眼前這時的許隆翔就是一位為了捍衛國土與國民，即將整裝出征的戰士。

許隆翔起飛後不久，彥臻被接到李隊長辦公室。這時李隊長並未像之前對單飛的家人解釋為何數月不得外宿的原因，而是向她解說身為一個戰鬥機飛行員所肩負的責任，而作為戰鬥機飛行員的妻子將會面對的一些問題。雖然那時彥臻與許隆翔只是情侶關係，但聽著李隊長的解說，彥臻似乎覺得那段話其實是在暗示著什麼。

許隆翔落地時，彥臻並未被安排到停機坪去獻花迎接，反而是在第一作戰隊隊部的中庭裡等待。

許隆翔將飛機在停機坪停妥後，連忙搭上一輛早先安排好的車子趕回隊部。他及幾位同學精心安排的求婚儀式即將上場。

許隆翔剛踏進中庭，同學就將一束鮮花交給他，他注意到了那束花旁邊一條細細的釣魚線。他接過鮮花後就對著站在不遠處的彥臻走去，那時彥臻有些迷惑，她原先以為那束花是她要在許隆翔落地後獻給他的，怎麼這會兒她卻變成要接下那束花的人呢？

還沒想清楚怎麼一回事，許隆翔就走到彥臻身旁將花捧上，彥臻剛接下花束，一個戒指就順著釣魚線由天而降落在她的手中。彥臻抬頭一看，幾位許隆翔的同學正站在二樓對著她笑，原來戒指是他們由二樓順著釣魚線放下而落在她手中的。她驚喜地回過頭來時，卻見許隆翔已經單膝跪在她的面前。

這一切發生得太快、太突然，彥臻在極度激動下眼淚不禁奪眶而出。她本來就覺得許隆翔是個不錯的人，而在今天親眼看到他在準備執行任務前認真與嚴肅的態度，她知道許隆翔絕對是個可以依托終身的人！

彥臻流著激動的眼淚，不停地點頭笑說：「我願意，我願意！」中庭裡頓時爆出一陣歡笑聲，所有人都為他們兩人感到高興。

轉眼間，那已是十多年前的往事了。如今許隆翔與彥臻兩人所組的家庭已有了兩個漂亮的寶寶，他們都沒忘記那是李文玉隊長所設想的單飛慶典所衍生出來的浪漫求婚過程。而李文玉隊長目前也已離開空軍，在回憶軍中歲月的點滴時，那個與眾不同的單飛慶典，卻是相當鮮明的記憶。李文玉堅信，經歷過特殊慶典的那些飛行軍官，將不會忘記自己在第一作戰隊時的歲月。

十二、P-40殲滅日軍——吳國棟常德會戰殲日軍

民國三十二年下半年，繼美國在太平洋上成功的收復新幾內亞群島及索羅門群島後，德、義在北非的軍隊棄械投降，軸心國中的義大利更在當年九月向同盟國投降，第二次世界大戰中的態勢已經逐漸轉向了同盟國這一邊。

當年的十一月二十三日，同盟國的美國總統羅斯福、英國首相邱吉爾及中華民國軍事委員會委員長蔣中正等三位巨頭，在埃及開羅開會討論如何重整戰後世界的秩序。

就在這三位領袖商量戰後的各項問題時，中國戰場上的日軍於十一月二十四日對湖南的常德展開了猛烈的攻勢。

在日軍三萬多主力部隊的攻擊與包圍下，幾天之後常德守軍不但死傷過半，彈藥也即將用罄。為了能快速地將守軍所急需的槍彈及補給品送入城中，軍事委員會下令空軍對常德守軍進行空投。當時因為運輸機調度上的困難，空軍第一路戰區司令張廷孟上校下令，駐湖北恩施的第四大隊前往支援常德守軍的同時，將守軍所急需的彈藥裝在副油箱中空投到常德城內。

空軍在此之前並沒有用副油箱裝載彈藥空投給友軍的經驗，因此大隊長李向陽接到命令後，在十一月二十九日那天決定派作戰經驗豐富的二十二中隊中隊長孫伯憲上尉，駕 P-40 擔任空投補給彈藥的任務，並由二十一中隊中隊長高又新上尉率領四架 P-43 擔任掩護及對常德外圍的日軍進行掩護攻擊。

二十九日清晨，地勤人員將六千多發步槍子彈裝入一個改裝過的副油箱內。裝進子彈後的副油箱重達六百多公斤，四位壯漢折騰了半天才順利將它掛到 P-40 的機腹下。副油箱掛妥之後，飛機起落架的液壓避震器很明顯下沉了許多。孫伯憲上尉在上午八點四十五分駕著超重的 P-40 起飛時，還用了比平時更多的跑道才飛入藍天。

半個多小時後孫伯憲飛抵常德縣城上空，高又新上尉所率領的四架 P-43 立刻對著城外的日軍開始猛烈掃射。將日軍的對空砲火壓制住後，孫伯憲先低空通過常德縣城上空一次，尋找可以投下的空曠地點，他實在不願意看到地面有任何人被那沈重的副油箱所傷。

孫伯憲發現縣城西北角，似乎是一個適當的空投地點，於是他在第二次通過時，就將副油箱在該處投下。他在投下後立刻向左拉昇，並轉頭注視沉重的副油箱由一百多呎的空中向地面墜去。他看到副油箱觸地後彈起，再度觸地時副油箱破裂，裡面的子彈向四方飛散而去。

克難自製竹子副油箱派上了用場

孫伯憲上尉回到恩施後，李向陽大隊長告訴他，根據常德守軍回報，所投擲的六千多發子彈，地面找到可用的僅有四千多發，損失了一千多發，但是成果已算是不錯的了。張廷孟司令決定打鐵趁熱，下令在當天下午，由二十二中隊孫伯憲隊長率領四架 P-40，各攜帶一個裝著子彈及藥品的副油箱前往常德空投，掩護任務則由二十一中隊副隊長劉遵上尉率兩架 P-43 擔任。

有了上午的經驗，孫伯憲建議下午改用航空委員會自行研發的竹製副油箱來投擲補給城內守軍的子彈。一般的副油箱是由鋁合金製作而成，是遠從美國千里迢迢送到中國。一旦戰鬥機在空中與日機遭遇，就要在空中將副油箱拋棄，以減輕飛機的重量及增加靈活性。這種消耗方式使補給的速度永遠趕不上消耗的速度，曾有好一陣子空軍根本沒有任何副油箱可用。於是航委會開始研製代替品，有人建議用四川盛產的竹子編製成與鋁製副油箱同樣外形，內部則放與鋁製副油箱一樣的橡膠油囊，這樣做了幾個試用之後，發現非常好用。而由美國運送橡膠油囊也比送鋁製副油箱方便，於是一時間四大隊就有了許多竹製的副油箱。

張廷孟司令官接受了孫伯憲的建議，地勤人員在將子彈裝入竹製副油箱之前，先將子彈用棉被包好縫妥，再裝進副油箱，這樣就可以進一步確保子彈在副油箱撞地時不至於飛散。而這次會有四架飛機進行空投，所以除了子彈之外，還裝了城內守軍所急需的藥物。

孫伯憲在起飛前的任務提示時，對僚機隊員們說明空投時必須以俯衝投彈的方式投下，切忌以低空平飛投下，不然副油箱會有很大的向前衝力。那種情況下，無論是撞到人或是城牆、房屋都會造成很大的傷害。

這一批空投補給品的四架 P-40 及掩護的兩架 P-43，於下午兩點四十分由恩施起飛，對著常德飛去。那天氣候不是很好，雲層很低，六架飛機在雲下以超低空方式前往目標，這種狀況下如果是目視飛行，則必須對地勢非常熟悉，否則就有可能飛偏。那天在前方領隊的劉遵上尉，就因為對地貌不熟，加上當天過大的東風影響，使平時只要半個小時的航程飛了近五十分鐘才到。

憑著上午的經驗，孫伯憲在飛入常德縣城後，立刻帶著那四架裝有補給物資副油箱的 P-40 飛往縣城的西北角，並在那裡盤旋。等掩護的飛機將地面火力壓制後，再由五百呎的空層俯衝而下，陸續將副油箱投下。這次孫伯憲確認竹製副油箱都沒有破裂。

這次任務算是相當成功，所有的補給品都由守軍取得。

雖然常德守軍在空軍的支援下，獲得了急需的彈藥，但終究因為寡不敵眾，在十二月三日城門被日軍攻陷，全城淪陷。但僅僅在幾天之後，前往支援的國軍第七十四軍五十一師於十二月八日趕到，並由常德東西兩面夾擊日軍，還在十二月十二日將日軍逐出常德。

再飛常德，這次是要找出日軍

日軍撤離後，常德守軍要求空軍由空中偵察，看是否能發現日軍的撤離路線，這樣可以進行有效的追擊。

但恩施附近那幾天連續陰雨，尤其是每天上午更是大霧籠罩，飛機根本無法出動。等到十三日下午，天氣突然好轉，雲層逐漸散去。張廷孟司令即刻下令二十二中隊副隊長吳國棟上尉，率六架飛機前往常德北面臨澧附近進行威力偵巡。如果發現竄逃之日軍，除立刻報回日軍位置外，應即刻對其進行攻擊。

吳國棟上尉是當時空軍中有名的空中鬥士，他在見習官時期就擁有擊落一架日本轟炸機的紀錄。這個紀錄在當時來說是空前，一直到八十餘年後的

抗戰初期，李繼武與俄製 I-15 戰鬥機合影。

今天也還沒被打破。

當時二十二中隊的妥善機僅有四架，另外的兩架就必須由二十一中隊的P-43來支援。吳國棟副隊長決定將六架飛機分成兩個分隊，P-40的四架飛機由他本人領隊，二號機是吉成濤，三號機是他的同學李繼武分隊長，四號機是譚廷煌。兩架P-43則是由二十一中隊的陳鍾琇領隊，二號機是訾承毅。

在任務提示時吳國棟對著所有隊員表示，他們由恩施起飛後，保持五千呎的高度先飛往常德東北方的安鄉縣，由那裡轉向常德。在常德附近繞幾圈後，再飛往常德北方的臨澧，由那裡飛返恩施落地，全程預計一個半小時。途中如有任何僚機發現日軍的蹤跡，必須立刻向長機報告，然後由長機決定對策。

六架飛機於下午兩點一刻由恩施起飛，當他們飛離恩施山城範圍並爬到五千呎的高度時，發現天氣異常的好，往南方望去幾乎是一點雲層都沒有，由空中下望也是一覽無遺。看到這種情況，吳國棟覺得他們一定可找到竄逃的日軍。

在五千呎的高度通過安鄉縣，六架飛機沒有發現任何日軍的蹤影。於是吳國棟掉頭將編隊對著常德飛去，一路上六雙眼睛很仔細地對著下方掃視，但是完全沒有任何人馬的跡象。有幾次似乎看到地面有些動靜，吳國棟讓幾架僚機在空中戒備，自己俯衝下去看個清楚，卻也是什麼都沒發現。

飛機到了常德後，在縣城附近繞了幾圈還是什麼都沒看見，這使吳國棟覺得非常奇怪，上千人的日軍及數百匹馬並不是一個小隊伍，不大容易在路上隱藏起來，他們究竟躲到哪裡去了？

吳國棟決定順著公路往臨澧方向飛去，但還是沒有發現任何日軍人馬。眼看著就要由臨澧飛返恩施，卻沒有發現日軍的蹤跡，這讓吳國棟非常失望。他不相信大隊日軍人馬會在眼前消失，他覺得他們一定就在附近！

通過臨澧後，澧水就在飛機的正前方不遠處。由五千呎的空中對著澧水看去，他看見河上似乎多了些東西，他再瞇起眼睛對著那裡看去，這次他清楚看見那是在河流兩岸之間用民船捆綁在一起的一座簡易浮橋，河的兩岸似乎還有大批人馬。他知道那絕對是就是由常德竄逃出來的日軍！

戰爭是殘酷的！

吳國棟也看到在簡易浮橋的下游南岸數公里處，有一個小丘陵。看著那個小丘陵，他的腦中有了一個突襲的計劃……一個可以將那批日軍一網打盡的計劃！

吳國棟當時立刻呼叫各架僚機向右轉去，並迅速降低高度，對著那個小丘陵飛去。當他帶著這批飛機飛過小丘陵後，立刻做了一八〇度的迴轉，並降到比那丘陵還要低一些的高度，然後順著地形以超低空的態勢對著那群日軍飛去。

當他們以迅雷不及掩耳的速度突然由東方出現在日軍上空時，敵軍一開始還以為那是日軍的飛機。因為漢口就在臨澧的東北方，所以日軍看到由東方飛來的飛機，下意識地認為是由漢口飛來支援的日機。當時還有人對著低空飛過的飛機招手，直到 P-40 的六挺五零機槍的火流開始對著他們掃射，及看清楚機翼下的青天白日軍徽後，他們才瞬間了解那是前來索命的中華民國空軍的飛機。

吳國棟與戰機合影。

飛在吳國棟後方的李繼武開始對地掃射時，看到地面的日軍部隊已被前面的兩架飛機打得人仰馬翻、血肉橫飛。同時間，一些日軍已經對空還擊，因此他開始以「之」字前進，希望能避開那對空射來的機槍子彈。但就在他飛過一個派司開始爬高時，一聲清脆的響聲傳入他的耳中，隨即額頭前感受到一陣炙熱，然後一股溫暖的液體由額頭流下，他伸手一擦，只見得手套上沾滿了血跡。這時，他知道那是子彈將他的座艙罩右側打破，那顆子彈將他的額頭擦傷後，由座艙罩左側飛出。他心想這真是幸運，如果飛機飛得稍微快一點，那麼子彈將不是擦過他的前額，而是正中他的太陽穴！

李繼武本想將自已受傷的情形向吳國棟報告，但想到吳國棟一定會就此讓他脫離戰場，飛返恩施。於是他忍住前額的疼痛，開始第二輪的對地攻擊。

吳國棟在第二次低空掃射時，看到大部分的日軍都是仰臥在地面用步槍對空射擊，還有一些是一人在前單膝跪下，另一人在後將機槍架在前面那人的肩上，對空射擊。令他驚奇的是，在這種死傷慘重的戰況下，他竟沒有看到任何人逃避。他當時就覺得這真是一支訓練精實，紀律嚴明的軍隊。

在來回對地掃射了四、五回合後，吳國棟注意到日軍的那些馬匹在極度驚嚇下，企圖狂奔及跳躍，但牽著韁繩的日軍卻沒有因飛機的掃射而放鬆韁繩，還是緊緊拉住馬匹，並將它們牽往河邊的一處村莊，那裡有幾處稻草頂的房子。看到這個景象，吳國棟心中又生一計……

吳國棟搖擺機翼並用無線電呼叫僚機集合，同時宣佈即刻返航。五架僚機很快集合上來，跟在吳國棟的後面往恩施方面飛去。在回飛的途中吳國棟詢問每架僚機所剩餘的子彈數量，每架飛機都回報尚餘百餘發子彈，有的僚機還怪他為什麼在子彈還沒用罄前就脫離戰場。

這樣飛了七、八分鐘後，吳國棟突然又用無線電通知僚機，立刻回頭返回剛才的現場，不過這次要攻擊河邊的那個村莊，他判斷那些躲在村莊房子裡的日軍這時該已經出來，替那些在外對空作戰的那群人做整補。

吳國棟的判斷沒有錯，當六架飛機再度飛回現場時，河邊村莊的大院裡正擠滿了人馬，似乎比原先的人馬還要多！這時大概雙方都大吃一驚，日方該是沒想到我方的飛機竟會再度出現，而我方則是沒想到又有那麼多的人馬聚在那裡，真是可以大開殺戒了。

P-40 與 P-43 兩個分隊，在吳國棟及陳鍾琇兩人率領下由不同的方向對著村莊大院攻擊。而日軍也像前一次一樣，在極短的時間內開始對空射擊。只不過步槍及日軍小口徑的機槍是敵不過快速 P-40 上的五零機槍，霎那間那個大院就成了人間地獄，飛機的引擎聲、機槍聲，加上地面人馬的嘶叫聲譜成了煉獄組曲。

那幾架在空中的飛機也有被地面的步槍及機槍擊中，遭受到了不同程度的損傷，幸好那些中彈都還不至於影響到飛行。

由空中看著大院裡日軍的屍體逐漸增加，地面黃色土地上也濺滿了人馬的血跡，飛在天上的六位空中勇士心中對這一切沒有一絲憐憫之心。他們想到了在南京大屠殺中喪命的國人，說不定就是死在這些人的手裡。

戰爭是殘酷的！

對著澧水簡易浮橋附近的村莊掃射了近十分鐘後，各機的機槍子彈都已用罄，吳國棟不得已呼叫他的僚機回航。這時他覺得，如果當天出航時帶著炸彈的話，那麼他們一定能對地面的日軍做出殺傷力更大的攻擊。

快回到恩施時，譚廷煌的飛機因發動機散熱器被打破，嚴重超溫，於是吳國棟讓他先行落地。然後他禮讓兩架 P-43 落地，自己則帶著另外兩架 P-40

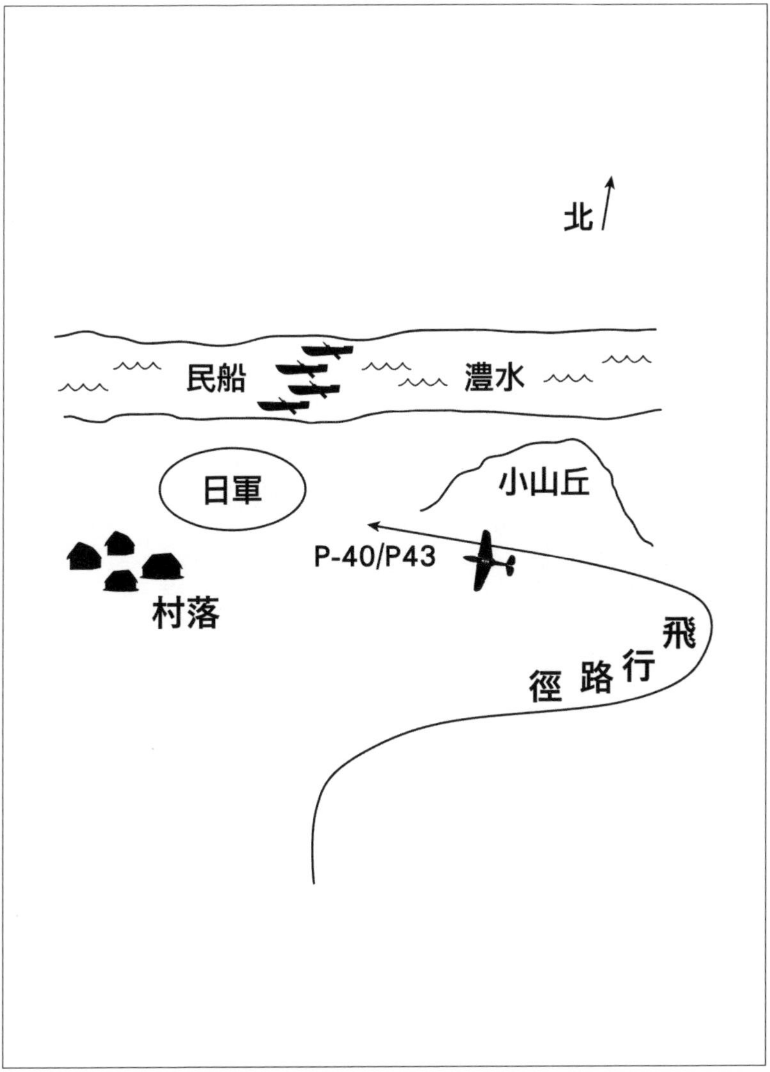

蔡懿亭繪製

國軍 P-40 及 P-43 機隊尋獲藏匿的日軍並實施毀滅性打擊。

最後返場。

當吳國棟的飛機主輪接觸到跑道時，立刻感覺到飛機向右猛然偏去，他趕緊猛踏左舵及左輪煞車，飛機才未側出跑道。等飛機全停妥後，他才發現自己的右輪輪胎已被子彈打破。而吉成濤的飛機右翼靠副翼處則被打了一個籃球般大的洞，李繼武除了自己的前額遭到子彈擦傷，他飛機的油箱與散熱器也被子彈擊傷，而兩架 P-43 的機身也受到不同程度的槍傷。

這次威力偵巡的戰果極為輝煌，據後來陸軍在戰鬥現場發現被襲擊的是日本陸軍第十三師團，在當時有超過三百餘人及一百八十餘匹馬被擊斃，更該有無數人受傷。

常德會戰期間空軍所執行過的任務不少，但卻沒有留下可供後人瀏覽的文字記載。幸而吳國棟將軍的長子吳晟先生曾將吳將軍講述在常德會戰期間的經過，用攝影機錄了下來，而我有幸可以根據那段錄影及空軍總司令部所印製的《空軍抗日戰史》（空軍總司令部情報署編，一九五〇年出版）一書，將這段故事記錄下來，讓更多國人了解當時空軍的一些英勇事蹟。

十三、C-123 秘密任務——何世光領航官北越遇襲空中受重傷

民國四十七年八月二十三日下午五點三十分，中共在廈門的砲兵部隊，開始對金門及列嶼做瘋狂式的砲擊，兩小時內這兩個總面積僅有一百五十餘平方公里的島嶼，竟遭到了兩萬餘枚砲彈的轟擊。金門防衛司令部的三位中將副司令官就在第一個鐘頭內遭砲擊而為國犧牲。

八月二十四日凌晨，在經過一整夜不停地砲擊，金門防衛區司令胡璉將軍向國防部要求緊急空投支援。

為了方便補給品的徵集及前往金門的航線，國防部決定將所有空運機都集中到台中水湳機場，在那裡裝載補給品之後，結隊出動前往金門。

空軍當時有兩個空運大隊，一個是位於屏東的三聯隊第十空運大隊，另一個則是位於台中水湳的六聯隊第二十空運大隊。這兩個空運大隊都是使用C-46運輸機。這型空運機是二戰時期的運輸機，有兩具R-2800往復式發動機，酬載量有一萬多磅。空軍中的這些空運機都是抗戰結束後，由美軍移交給我國。雖然機齡在民國四十七年時都還不到十五年，但因大部分補充零組件都已停產，因此這些飛機都是靠著空軍的那些老機工長們憑著經驗，及設法用代用品湊合著讓飛機能夠繼續執行任務。

當第一批C-46空運機在二十四日上午進駐水湳時，各機飛行組員發現在停機坪上等待裝載的空投品，竟是一批小型炊具及食品罐頭，而不是他們想像中的武器彈藥一類的東西。原來在不停地砲擊下，地面部隊已經無法像往常一樣到餐廳用餐，而必須在各自的據點自行烹煮。所以，最早投往金門的補給品就是那些小型炊具及食品罐頭！

金門有超過十萬名守軍，如果要用C-46來維持整個金門守軍的生計，只有全天候的出動。砲戰初期，空運隊就決定了換人不換機的策略，每架飛機回來之後，立刻加油、裝貨同時更換組員，然後再度起飛。為了能在每一

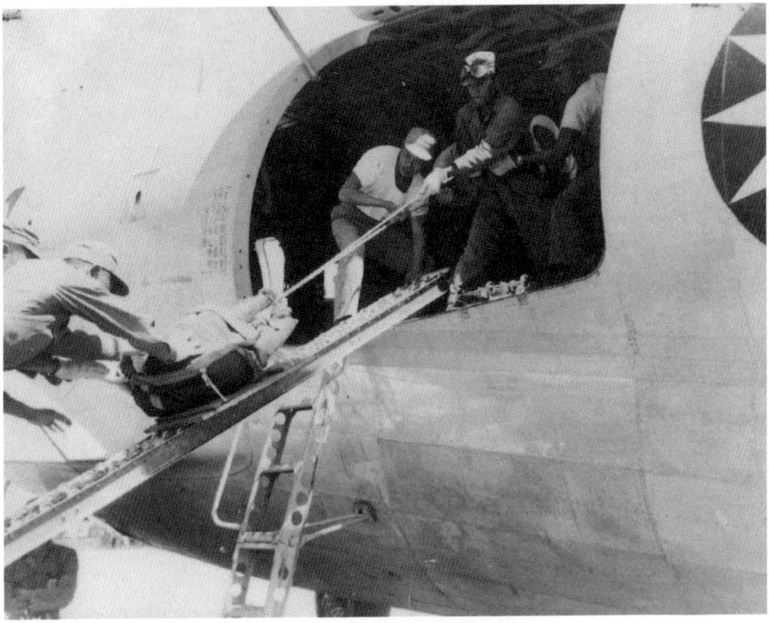

C-46 打開機身側門，地面人員以人力裝載的畫面。

架次多裝一些貨，每架飛機每次只裝夠一趟飛行的汽油及備份油。通常這種安排，空軍的兩個空運大隊，就建立了在尖峰時間每五分鐘一架的班表，向金門進行空投運補。

九月初，空運隊開始對金門進行武器、砲彈的運補，地面裝載的效率也因經驗的累積開始精進，飛機的出動由五分鐘一架改進成三分鐘一架。在最緊急時曾創下半個鐘頭內出動三十架的紀錄，這連在基地的美軍顧問團成員都感到不可思議！據美軍在柏林空運時的經驗，在完全機械化裝載的情況下，也才勉強達到一分鐘一架的出動率。而台灣當時完全是以人力裝載的狀況下，既能達到此一標準，誠屬不易。

空運大隊在砲戰期間犧牲巨大

C-46的體積龐大，速度緩慢，操縱起來性能也就相對遲鈍，飛機在中共密集的砲火中進出，實在是很危險的事。九月二十四日那天，十大隊一〇二中隊的一架C-46在空投時被砲火擊中，右水平安定面被打斷，左發動機也因中彈而關車，飛行員任庭榮冒險將飛機飛回水湳落地[1]。九月二十九日，二十大隊二中隊的一架C-46在夜間對小金門進行空投時，被共軍砲火擊中繼而墜入海中，飛行員華武麟與劉承理被共軍俘虜，領航官葛廣白、通訊官李森杰及機工長王隆廷等三人為國犧牲。十月二日，十大隊一〇二中隊在對著金門進行空投時，因機艙內綑綁空投品的索帶鬆脫，物資瞬間後移，重心頓時失控導致飛機墜海，正駕駛黃義正中隊長、副駕駛彭超群、領航官郎德馨、通訊官喻友仁及機工長黃孝富等五人殉職。

十天之內有三架飛機在對金門空投時發生事故，八位空勤人員為國犧牲，這種慘烈的戰況看在那群參加空投任務的組員眼裡，多少有些感觸。但是當任務名單上出現自己的名字時，他們又是二話不說地進入機艙，駕著飛機飛進金門上空的火網，將武器、彈藥及食品等空投給在當地的駐軍，為了在這場戰役中得到最終的勝利，他們知道每個人都必須全力以赴！

十月三日，十大隊一〇二中隊的每一位人員都在為中隊長及其他四位同

1 詳情請見《飛行員的故事》第三集，〈金門空投—任廷榮尾翼斷落〉。

NARA

C-46 成編隊空投的畫面。

袍在前一天的陣亡而感到悲痛時，當天的任務單就在那時公佈了。一〇二中隊的劉文燦上尉、彭宏疆中尉兩位飛行官受命於下午駕 279 號飛機前往金門空投，同機的還有領航官何世光中尉、機工長毛瀛洲及一位通訊官。他們幾人懷著沈痛的心情開始為那次飛行做準備工作。

他們是當天下午的第三批飛機中的第六架，機上裝的是白米、食油及藥物等物資。三點過後不久，那群 C-46 以每三分鐘一架的間隔由水湳機場起飛，對著馬公飛去。

由水湳前往金門，直線距離只有一百四十哩，但是在砲戰空投期間，空軍作戰司令部規定所有空投飛機由台中起飛後，先飛往馬公，再轉往金門。於是那天下午二十餘架飛機成縱列追蹤隊形以五百呎的高度在海上飛往金門。

279 號機副駕駛彭宏疆中尉早在半年前就已預訂在十月十日國慶日當天，與他的女友在屏東結婚，結果誰也沒想到在八月底竟有此等重大的戰事在金門發生。空運隊的所有飛行員都被安排在不同的時段擔任金門空投的任務。九月底的時候十大隊大隊部的長官因為彭宏疆的婚期在即，曾想在十月初將他留在屏東擔任出廠飛機的試飛工作。但他卻不願在戰事吃緊的時候，自己在後方從事這種輕鬆的勤務。因此他向中隊長表示他想繼續留在水湳擔任作戰任務，當時黃正義中隊長還對他的這種精神表示嘉勉。結果沒幾天之後，黃中隊長就為國犧牲了，這種戰場上的驀然生死實在讓他震驚。

飛機組員中領航官的任務是將飛機帶到空投地點，然後再將飛機帶回水湳落地。但在這種大編隊的情況下，飛行員只要跟著前面的飛機就可以達成任務。結果那天在飛往金門的途中，剛離開台灣就進入雲中，飛行員無法目視前面的飛機，因此領航官何世光中尉必須每隔幾分鐘就用航行儀器去查位置，確定飛機在正確的航線上。

共機趁機偷襲無武裝的運輸機

就在這一批空運機往金門飛去的同時，中共方面也在準備派出戰鬥機去攔截他們。中共方面有情報指出：金門守軍要求空軍增加空投的架次，而空軍也決定在日間進行空投。解放軍空軍第十六師四十八團在這天派出四架

MiG-17對空運機展開攔截行動，由該團團長曹雙明[2]擔任領隊。

共軍的計劃是派出四架米格機由位於金門北方的晉江機場起飛後向東出海，以低空飛到金門東南方，在國軍的C-46運輸機進入金門空域開始空投的時候，由低空對運輸機進行攻擊。結束攻擊後不循原路飛回晉江，而是直接掠過金門南邊海域，經由鎮海角進入內陸返航。

十月三日下午四點左右，那幾批C-46在接近金門時，飛行員在空中就可以看到整個金門島都籠罩在砲彈的煙雲裡。在這種情況下要將飛機飛進那個火網需要相當的勇氣，但他們都義無反顧地保持在五百呎高度對著那片火網飛去。他們將在通過金門料羅灣機場時將空投品投下。而在這同時以曹雙明為領隊的四架MiG-17已由晉江起飛，他們以貼著海面的高度向金門東南方飛去。當接近金門時，他看到了那成縱列飛行的C-46機群，他決定不攻擊最接近金門的運輸機，而是攻擊最後面的那架。

因為那時飛行員已目視目標，即將開始空投，何世光中尉與通訊官兩人

2 曹雙明後於一九九二年擔任中共空軍司令員。

離開駕駛艙到後面的機艙去協助機工長，預備幾分鐘後就將空投物資由機艙的側門投下。

就在這時 C-46 編隊中有人看到了 MiG-17，但那人並無法確定那批飛在低空的飛機是什麼飛機，於是他在無線電中問了一句：「金門上空有什麼飛機？」279 號機的副駕駛彭宏疆中尉立刻將視線向四下掃去，想看看到底是什麼飛機。緊接著不知是誰在無線電中回了一句「友機」。然而就在彭宏疆聽到「友機」的同時，他聽到了一陣像玻璃破碎的尖銳聲音在後機艙中爆開，他立刻知道自己的飛機已經中彈。就在這時他看到了一架後掠翼的飛機由自己飛機下方衝出，並向左上方爬去。他確實看到那架飛機的飛行員在回頭張望，這時他很清楚地認出那架後掠翼的飛機就是一架 MiG-17。

而那時剛到後艙的領航官何世光中尉在聽到飛機中彈聲音的同時，整個人似乎被一個大棒子用力掃到大腿似的跌倒在機艙地板上，同時一陣痛徹心扉的感覺由右大腿傳到心頭，他伸手往腿部摸去，卻看到飛行手套上沾滿了鮮血。站在他旁邊的機工長見狀大喊：「哎呀，出血了，好多血。」同時立刻衝到他身旁，將一條空投物品的綁帶在何世光中尉右大腿根部綁緊。何世光躺在飛機的地板上，抓住一個機艙壁上繫住空投品的扣環並咬緊牙根忍住那刺骨的疼痛。

MiG-17 的領隊曹雙明在 279 號機下方對著它開砲後，由那架 C-46 的機腹下通過後再由它的機頭前衝出，他曾回頭試圖去看被擊中的 C-46，但是卻什麼也沒有看到。他一直以為那架飛機被他擊中墜海了。

曾雙明一共對 279 號機開砲三次，除向機艙的攻擊將何世光擊傷外，另外也擊中了右翼的油箱，導致右翼著火，而且蔓延得很快。

坐在右邊副駕駛座位上的彭宏疆由他身旁的窗戶往後望去，只見火焰將右發動機後方完全籠罩，他知道在這種情況下是完全沒有可能飛返基地，而且必須馬上做出處置的決定。

機長劉文燦上尉在聽到副駕駛所報出的飛機狀況後，立刻決定迫降在前面的料羅灣機場。

彭宏疆中尉在得到機長的命令後，馬上與金門的戰管聯絡，表示要在料羅灣機場迫降。但由於料羅灣機場正是此次空投的目標區，跑道上滿佈剛投下的物資，所以金門戰管要求他們改降尚義機場。但此時因油箱火勢過大，情況非常緊急，因此正駕駛劉文燦還是決定就近降落料羅灣機場。

那時飛機就在料羅機場的五邊，劉文燦上尉立刻推頭將飛機對著跑道俯衝下去，而此時跑道上已經散佈了許多前面飛機所投下的物資，想要正常落地已屬不可能。劉文燦只能將飛機對著跑道稍微空曠的地方落去。而正當他要拉平飄時主輪就已撞地，幸虧 C-46 夠結實，飛機沒有撞散，而是彈起來再撞回地面，這樣飛機在跑道上蹦了幾次，消耗了不少往前的能量，最後落在跑道上時僅往前衝了一小段就停了下來，幸好竟沒有撞到任何跑道上的空投物資。那真是驚險萬分的迫降！

飛機停妥之後，火勢並未減弱，還是繼續熊熊地燃燒著，後艙的幾個人在飛機停妥後，立刻由艙門跳下，向跑道附近的掩體跑去，受傷的何世光中尉也在通訊官的攙扶下，以單腿蹦跳方式跳下飛機，進入掩體。在駕駛艙內的正副駕駛兩人將電門全部關妥後，由駕駛艙的小門跳下飛機。

正駕駛劉文燦上尉跳下飛機後，急著往後艙跑去，身為機長的他要確認所有的人都已安全撤離。當走到後艙時，因為沒有登機梯，所以無法爬上飛機，僅能由開啟的艙門對著內部喊了幾聲。在沒有聽到任何回音後，他相信

何世光身穿軍服拍照的英姿。

後艙的機工長、空投兵、領航官及通訊官都已安全撤離。但他並不知道領航官何世光中尉的右大腿已受傷。

何世光中尉當天曾在金門陸軍野戰醫院受到簡單的止血與包紮，他與279號上的其他幾位組員在次日被另一架冒險落在尚義機場的C-46接回台灣。

副駕駛彭宏疆中尉如期在一星期後，於十月十日那天在屏東與他的女友完成終身大事。劉文燦上尉因為將飛機安全迫落在金門，砲戰結束後被選為當年的國軍戰鬥英雄。

秘密前往越戰支援美軍作戰

在空中被中共MiG-17的砲彈碎片所擊傷的何世光中尉，在空軍醫院接受治療及休息數月後完全康復，並恢復空勤領航官的身份，繼續在部隊為國效命。他於民國五十三年五月調入第三十四「黑蝙蝠」中隊，擔任更艱鉅的任務。

何世光在調入黑蝙蝠中隊後，立刻被派到美國接受 C-123 型機的換裝訓練。那時已經晉升上尉的他，記得在美國的新機訓練於當年七月完訓，返回台灣後立刻被告知將在八月初派往越南芽莊執行對北越的任務，同時收到一張中華航空公司的員工證。這是為了萬一在任務期間被擊落的話，美國及中華民國政府都可將關係撇得乾乾淨淨的道具。

這一批黑蝙蝠隊員在民國五十三年八月進駐南越芽莊時，被美軍冠上「第一飛行派遣隊（First Flight Detachment）」的名稱，直接聽命於駐越美軍司令部。這是因為當初中華民國政府向美國表示希望能得到 C-130 運輸機的軍援，這樣可以在反攻大陸時擔任空降傘兵的任務。美國並不認為反攻大陸有任何勝算的可能，但在不願意讓國民政府太過失望的情況下，答應援助五架 C-123 型運輸機。但這些運輸機必須在美軍的控制下使用，因此這批飛機與空勤人員完訓後，就被派到了越南，替美軍進行對北越的行動。

民國五十四年二月十四日，第一飛行派遣隊受命於終昏時刻派出一架 C-123 前往北越的安沛（Yên Bái），在那裡將七位南越的敵後工作特種部隊隊員空投而下。

NARA

C-123 供應者式運輸機具備在簡易跑道起降的能力，非常適合特種作戰的需求。

當天被派到執行這次任務的組員是：飛行官李金鉞、方士拔，領航官何世光、熊民壽，電子官蔣明軒，通訊官呂銘鼎，機工長李生鈞，空投士湯先富、歐陽超等九位組員。他們在晚上七點由芽莊起飛，飛機離地後立刻向東出海，然後以一千呎的高度向北飛去。

當天是陰曆正月十三，一盤明月高懸在南中國海上空，潔白的月光由高空撒下，讓那架低空飛行的 C-123 顯得非常孤單。領航官何世光上尉利用六分儀及無線電的協助，準確將飛機的位置標在航圖上。在這次任務中他擔任主領（主領航官），另一位領航官熊民壽則在駕駛艙中擔任機頭領航官（Nosegator），由駕駛艙中外望，將地形的變化與明顯地標及時報告給坐在駕駛艙後面的何世光。

在南中國海上空飛了近五個小時之後，飛機接近當天任務的登陸點——清化。那時天氣起了變化，烏雲遮住了月亮，天空是一片朦朧。午夜時分，C-123 穿破鐵幕，由清化附近飛入北越領空，對著兩百多公里外的安沛飛去。

身為主領航員的何世光在駕駛艙後面的小航行桌上，細心利用無線電定位將飛機帶往陌生的空投地點，另一位領航官在駕駛艙中瞪大了眼睛向外看去，希望能找到任何明顯的地標，但是在層層烏雲的籠罩下，他什麼都看不到。

按照計劃進入空投點時，在地面等待這架飛機的特種部隊，必須在地面點上一個事先約好的火焰符號。飛機上的南越情報教官在確認火焰符號無誤後，再讓那七位特種部隊隊員跳下。如果無法看見地面的火焰訊號，C-123必須立刻返航，不可在空投地點盤旋尋找，否則將暴露地面特種部隊的位置。

那天機長李金鉞在通過預定空投地點時，並沒有看到任何地面的火焰，因此他通知領航官給他一個返回基地的航向。

險遭暗算受傷，急尋安全地迫降

當何世光剛將航向通知機長時，他就聽到了一陣劇烈的「咚、咚、咚……」聲響傳來，同時立刻聞到了一股火藥氣味，他知道飛機中彈了，正當他想由架高的領航官椅子上下來找東西掩護時，又是一陣響聲由領航官工作台下傳來，同時一股劇痛由他的左小腿處發作，頓時他就在劇痛下昏了過去。

當時飛機不但機身中彈，發動機也被砲火擊中。霎那間馬力消失大半，導致飛機進入失速狀態。當時高度僅一千呎左右，一架 C-123 這麼大、這麼重的飛機在這個高度失速，要不了一分鐘就會在地面砸出個大坑！機長李金鉞當時立刻將油門推桿推滿，同時將駕駛盤向前推去。做完這兩個動作後，飛機的高度錶指針開始快速地向逆時鐘方向旋轉，而空速錶的指針卻向順時鐘方向旋轉。當李金鉞見到空速達到一百哩時，他緩緩地將駕駛桿拉回，這時飛機也由失速的狀態中慢慢改出。當機身恢復平飛時，高度錶的指針指著三百呎，這在山區可是一個低得可怕的高度。

在不熟悉的地區以三百呎的高度飛行，實在是極端危險的事。可能是因為在操縱爬高時角度過大的關係，導致飛機再度出現失速前的顫抖，李金鉞趕緊再鬆下機頭，減少飛機爬高的角度，這才躲過了飛機的二次失速。

為了減輕飛機的重量，李金鉞將兩個副油箱拋棄。此時機工長李生鈞也將發動機的渦輪增壓器與注水裝置打開，來增加發動機的馬力及降低汽缸頭溫度。飛機這才開始以穩定的上升率爬高。

在中彈的當下，液壓油管也被打破，液壓油在短時間內都漏光，襟翼沒有了液壓、完全放下，增加了不少阻力，使飛機始終只能飛在比失速稍大的速度。

除了領航官何世光之外，還有幾位特種部隊成員及兩位組員受傷，而受傷的這些人當中，以何世光的傷勢最重。他的左腿骨被機槍子彈打斷，同時流了大量的血，幸好在幾位特種部隊成員用緊急救生包裡的繃帶，將他左腿根部紮緊，暫時止住了血液外流。

原先在駕駛艙裡的領航官熊民壽這時回到後艙，坐上主領航官的位置，在工作台上借著微弱的燈光，取得了幾個定位電台的資訊，然後在航圖上標下了當下飛機的位置，並將此一資訊報告給機長。

機長李金鉞知道以當時飛機的狀況是無法回到南越的任何基地，但他必須要盡快找一個安全的地點降落，讓受傷的人可以早些受到醫療照顧。於是他要熊民壽找一個最近的友邦基地。

領航官熊民壽很快在航圖上找到了一個位於泰國的南康福南空軍基地（Nakhon Phanom），那是距他們當時最近的一個友邦基地，但也有三百餘哩的距離。以他們當時飛機的速度來算，最少也要兩個小時才能到達。

李金鉞根據領航官的指示，將飛機轉向一八〇度，在黑暗的夜空中對著一個陌生的機場飛去。

兩點之間最近的距離是直線，但受創的 C-123 卻無法直對著南康福南基地飛去，因為途中有許多三千呎以上的山脈，所以熊民壽還必須根據航圖上的資訊，引導飛機在山區中迂迴前進。

C-123 因為發動機馬力不足及完全放下的襟翼，即使已經飛出北越的空域，也無法爬到較高的空層，而山區的氣流非常不穩，使得飛機不斷在亂流中持續像落葉似地搖擺晃動。

歷劫歸來卻再添事端

飛機在清晨三點多抵達南康福南基地，李金鉞將起落架緊急釋放手柄拉出，讓起落架在沒有液壓的狀況下，仍然得以順利放下。但他不知道的是左主輪的幾個輪胎也被槍彈打破，這使飛機剛落在跑道時就向左偏去。煞車也因液壓油漏光而失效，李金鉞必須將空氣煞車的手柄拉出，才能用空氣煞車將這架千瘡百孔的飛機停下來。

本以為落地後就是噩夢的結束，但他們這一組人員卻遇上了另一個麻煩！

南康福南基地突然迎來了一架沒有任何標誌的飛機在半夜落地，飛機上還有七位全副武裝的人員。基地人員因此不敢大意，先是將他們繳械，並由武裝士兵就地監視他們。在等了幾乎快一個鐘頭之後，才了解這架飛機及這些人的身份，這才將他們接到餐廳，提供食物及對受傷人員提供醫療服務。

幾個鐘頭之後，美軍派出一架 C-47 飛到南康福南基地將他們接回。他們在回到芽莊休息了幾天後，就回到了台灣。全機組員都因這次歷險歸來當選空軍第十六屆的空軍英雄，獲頒勳獎章表揚。

領航官何世光上尉回到台灣後，因為腿部傷勢嚴重，被美軍送往琉球的美軍醫院治療。美軍醫官用鋼釘將他被打碎的腿骨重新接好，並在當地經過漫長的復健療程後，才讓他出院回到台灣。但他在那之後，終身都不良於行。他是空軍遷台後唯一在不同戰役受傷掛彩的軍官。他為國家所流的血及所有其他將士們在戰場上所留的汗，讓我們在台灣安全度過七十餘年的時光。

十四、C-130飛出國境跨洋賑災——張海濱率隊遠航中美洲馳援

二〇一〇年一月十二日下午四點五十三分（台灣時間一月十三日上午五點五十三分），位於加勒比海的海地發生了芮氏規模高達七級的地震。數以萬計的當地居民當場罹難或被倒塌的房舍活埋。地震發生後不久，海地政府隨即對國際發佈緊急援助請求。

海地是我國的邦交國，因此在台灣時間十三日上午，我國政府立即指派內政部消防署特種搜救隊二十三名成員、攜帶兩噸裝備及兩隻搜救犬，盡速搭民航機前往海地馳援。

位於台灣屏東的空軍第四三九聯隊聯隊長李允堅少將，在當天早上知道

海地發生巨大地震後不久，就收到司令部的電話，告訴他政府預備派空運機運送賑災物品前往海地，目前正在與美國在台協會（AIT）協商，希望能夠得到美方的同意，讓C-130運輸機經過美國本土前往海地。

在協商的同時，司令部希望李少將能盡快草擬一份派遣兩架飛機前往海地的計劃，這其中包括了飛機及人員的選定及制定航行作業。這樣一旦得到美方的許可後，就可以立刻出發。

李允堅少將放下電話後，立刻吩咐聯隊作戰組，讓他們馬上進行規劃。到國外執行任務對四三九聯隊來說，其實是很尋常的事，早在五十年前，四三九聯隊就曾以C-46運輸機前往泰國清邁，執行大規模的空運行動[1]。近幾年來在南亞海嘯及印尼暴動期間，聯隊也都曾派出C-130運輸機前往星加坡及印尼執行任務。因此作戰組在接到命令後，很快就決定由一〇二中隊及一〇一中隊各派出一架飛機來執行這個任務，任務領隊決定由經驗豐富的十大隊政戰主任張海濱上校擔任。

張海濱上校不但有豐富的越洋飛行經驗，對國際的飛航法規更是瞭如指掌。幾年前他在星加坡樟宜機場，就曾成功地引用法規，說服了一位原本拒絕發出飛航許可的當地航管人員。因此讓他率領這組人員去執行中華民國空軍最遠的一次任務，是最適合不過了。

因為這次的遠洋任務，單程距離就有一萬多浬，因此除了張海濱上校之外，作戰組另外規劃了四位飛行官、兩位領航官、四位裝載士、兩位航醫、一位修護領隊及七位飛機各個系統的維修專才，總共二十三人參與這趟任務。

這二十三位任務組員中，有些人從來沒有出過國，因此沒有護照，於是作戰組讓那些人在十四日那天趕到高雄的領事局去趕辦護照。然後在十五日再由張海濱上校帶著沒有美國簽證的人，搭專機趕往台北，前往美國在台協會去辦理簽證事宜。

當所有任務組員的簽證都辦妥之際，以特急件申請的這趟任務中各個機

1 編註：民國五十年三月十五日至四月十三日，派出C—46及C—119運輸機，自泰國的清邁執行撤出在滇緬執行游擊隊作戰的官兵與眷屬。空運行動對外統稱為「國雷演習」，美國則稱「雷國行動」(Ray-KuoPLAN)，國防部以「春曉計劃」為專案名稱，空軍的空運撤運行動則定名「旋風計劃」，展開第二次滇緬孤軍的撤軍行動。

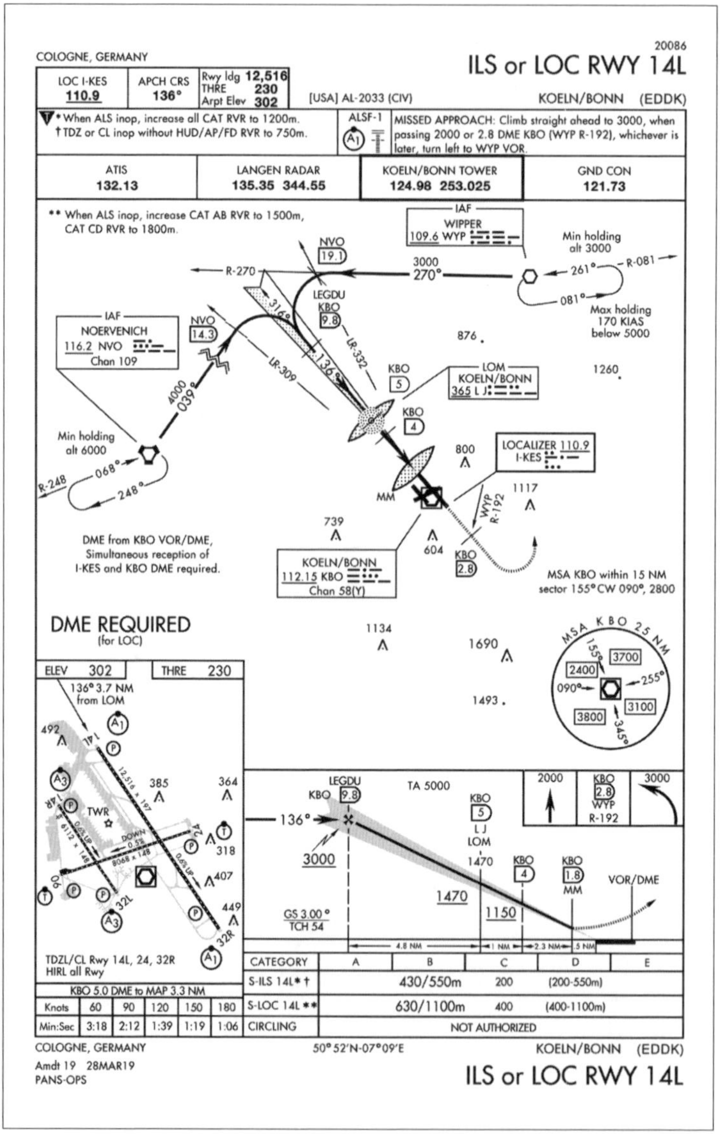

US AIR FORCE

科隆機場的進場穿降圖，上面提供所有起降該機場所需的資訊。

場的傑普遜公司（Jeppesen）「進場穿降圖」（Approach Chart）也由司令部取得。至此，這趟任務的所有準備工作都已完成，就等著命令下達，飛機就可出動了。

美方開綠燈，啟動「慈航九九」任務

一月十五日上午，正當任務組員在美國在台協會辦理簽證的同時，聯隊長李允堅少將及聯隊政戰主任陳仲生上校也在台北的國防部開一個例行會議。結束後，他們兩人正預備要離開國防部時，國防部長辦公室主任卻請他們留下來，因為副部長趙世璋上將有事要與他們商量。

當李允堅進到趙副部長的辦公室時，他發現有一位美籍人士也在場，經介紹之後，他知道那位美籍人士是AIT的一位代表。趙副部長對李允堅表示，美國國務院原則上已同意我國派軍機運送賑災物資經由美國前往海地。這位AIT代表就是前來與我方討論一些細節。

會議開始後，美方代表先表示這趟遠洋任務，沿途所有費用都必須由我國自行負擔，趙副部長立刻表示這是當然的事，我方不會讓美方支付任何款項。美方隨即又詢問我方預備飛哪一條航路前往海地。因為李允堅少將事先已經知道作戰組在做航行作業時，是安排走二十多年前，C-130新機由洛克希德馬丁公司位於亞特蘭大的工廠，飛回台灣時的航線，因此他就將沿途所計劃經過的幾個軍用機場的名字報出，沒想到這與美方所預期的航線完全相同。

接著，美方表示因為中華民國與美國並無外交關係，軍機在經過美國本土時必須將軍機上的國徽塗去，這與我方前去南亞震災時的情況一樣，因此我方並無任何異議。最後，美國提出這次所准許的是一次純粹賑災行動，因此飛機在空機回航時，政府不可以讓這架飛機帶任何駐美人員或是貨物返國。會議中我方雖然對這規則感到有些奇怪，但為了避免節外生枝，還是答應了美方的這個要求。

在得到了我方對所有要求正面的回應後，美方代表當場批准了這次軍機路過美國的要求。趙副部長隨即問李允堅少將，整趟航程需要帶多少美元現金才夠全體任務組員的吃住開支。李允堅根據他的經驗算出一個大略的數字後告訴副部長，趙世璋立刻吩咐他的參謀，即刻前往銀行提取現金，那時已是十五號星期五的下午，必須在銀行下班之前將錢取出。

政府當局在得到美方正式准許軍機經過美國本土前往海地後，國家安全會議秘書長蘇起與國防部聯絡，表示要與負責此事的趙副部長與執行任務的部隊長見面。於是趙副部長與李允堅兩人隨即趕到國安會蘇起先生的辦公室，向蘇先生面報這個任務的計劃。

就在這同時，國防部正式下令給空軍司令部，派出 C-130 任務機及預備機各一架，即刻進駐新竹機場，次日（一月十六日）清晨六點起飛，執行「慈航九九一」任務[2]。

四三九聯隊在接到命令時，聯隊長及所有任務組員都還在台北，於是副聯隊長袁啟剛少將下令另派組員即刻將待命的兩架任務機飛到新竹。待張海濱上校等人返抵屏東時，才知道任務已經下達，第二天清晨就將出發遠行。他們雖然知道這次任務會在近期執行，但是當被通知明天就要出發時，還是

2 編註：亦有稱「慈航 99-1」人道救援任務。

有些驚訝。然而，這就是軍事行動，分秒必爭！張海濱上校於是下令所有組員立刻回寢室整理行囊，晚上七點搭另一架 C-130 前往新竹。

等到趙副部長與李允堅兩人由國安會出來後，時間已是下午五點，趙副部長的參謀那時已將美金現鈔由銀行取出，李允堅少將在收下那一袋美元現金後，匆匆向趙副部長道別，然後搭上空軍司令部安排的專車趕往新竹空軍基地，去與任務組員會合。

越洋飛行一萬浬，考驗機組員的體力與耐力

由於這趟任務所代表的意義非凡，李允堅在前往新竹的路上，先後收到空軍司令與參謀總長都要在第二天凌晨到新竹基地，在任務機起飛之前來慰問組員的消息。

二十三位任務組員於當天晚上七點五十分由屏東飛抵新竹，當時新竹四九九聯隊四十一作戰隊的隊長柳惠千上校是張海濱在官校的同期同學，於是張海濱就向柳惠千隊長商量借四十一作戰隊的作戰室來進行任務提示。

一般在做任務提示時，只有飛行組員參加，但這次因為任務特殊，所以張海濱要求全體二十三位組員全部都參加提示。

在任務提示時，聯隊長李允堅少將先向整體組員表示，這次任務是將政府贈予海地的一萬餘磅賑災物資，由台灣直接送到海地，單程距離就超過一萬海浬，是中華民國空軍建軍以來目標最遠的一次任務。這對所有組員來說都是一個挑戰，因此他希望大家務必全力以赴，務必安全達成任務。

隨後張海濱上校將整個航程及所有停留地點展示出來，如下：

一月十六日清晨六點，新竹起飛，第一站是關島的美軍安德森空軍基地（Andersen AFB）

一月十七日，關島安德森空軍基地飛往瓜加林環礁（Kwajalein Atoll）

一月十八日，瓜加林飛往夏威夷（過換日線）檀香山國際機場（Inouye International Airport）

一月十八日，夏威夷飛往加州莫非軍民兩用基地（Moffett Federal Field）

一月十九日，莫非基地飛往佛羅里達州麥克迪爾空軍基地（MacDill AFB）

一月二十日，麥克迪爾空軍基地飛往海地太子港機場（Port-au-Prince）
一月二十日，海地卸下賑災物資後，當天飛返佛羅里達州麥克迪爾空軍基地
一月二十一日，麥克迪爾空軍基地飛往加州莫非基地
一月二十二日，加州莫非基地飛往夏威夷
一月二十三日，夏威夷（過換日線）飛往威克島（Wake Island）
一月二十五日，威克島飛往關島
一月二十六日，關島返回台灣

根據這個日程及停留地點，所有組員都了解在未來的十天之內他們必須每天飛行，尤其是在橫越太平洋的那幾段航程，每段都是超過八小時的長途飛行。這樣的安排即使對不需執行飛行勤務的後艙人員來說都是相當辛苦的差事。但他們是軍人，辛苦向來不在達成任務的考慮範圍之內。

任務提示完成之後已經是接近晚上十點，聯隊長於是吩咐組員盡快回去休息。第二天清晨，大家必須在三點鐘起床開始做出發前的準備。

出發前，全體組員在 1314 機旁接受空軍司令雷玉其的祝福。

一月十六日凌晨三點半，全體組員都已抵達停機坪。機械官對飛機的機件做最後的檢查，領航官開始對慣性導航系統進行定位設定，裝載長也在這時對機艙內貨物的綁帶再檢查一遍，確認都已安全綁妥，不會在飛行中鬆開。

清晨五點鐘，天還沒有亮，然而停機坪在四周燈光的照射下，卻是非常明亮。兩架 C-130 運輸機停在停機坪上，編號 1314 是這次的任務機，機艙裡已經裝滿了賑災的物品及一些可能需要在航程中更換的零組件，及二十幾位組員的行李。另外一架 1313 是預備機，一旦 1314 在啟動時發生故障，則立刻將貨物換到預備機上，由 1313 接替執行任務。

空軍司令雷玉其上將及參謀總長林鎮夷海軍上將此時先後來到新竹基地，他們在飛機前面慰勉所有的組員，並頒發慰問獎金。

起飛的時刻即將到臨，張海濱上校帶著所有組員在登機前向聯隊長敬禮，並報告飛機檢查完畢，即將出發。李允堅回禮後親切與所有組員握手，預祝他們安全執行任務歸來。

虛驚一場，專機出境就被武裝攔截

由新竹到關島第一段的航程是由張海濱上校擔任機長，林志偉少校擔任副駕駛。他們進入駕駛艙後，將飛機的四具發動機依序啟動，並在飛航工程師張浩明少校的協助下，將所有發動機儀錶檢查一遍，確定所有指示都在安全範圍內後，張海濱對站在機外來目送他們出發的各位揮了揮手後，鬆開煞車，將飛機滑出停機坪。

萬里長征的第一步開始了！此時距四三九聯隊接到任務命令還不滿三天。

飛機起飛後在航管的引導下，順著航路由基隆出海，並向東南方飛去。

就在他們平穩地飛在兩萬呎的空中，對著關島飛去時，耳機中突然傳來了一個陌生的聲音：「Papa 610，This is Japan Air Self-Defence Force，You are entering Japanese ADIZ，Please turn to 045 and follow us。（趴趴六一〇，這是日本航空自衛隊，你已進入日本飛航管制區，請轉向〇四五跟隨我們）」

聽到這句話的同時，張海濱注意到一架日本的 F-15 已經由他的左後方正

日本航空自衛隊駐那霸基地，當時隸屬第 83 航空隊第 204 飛行隊的 F-15J 編號 856 的戰鬥機，抵近攔截已經允許進入日本 ADIZ 的我國 C-130。

向他接近中，林志偉也看到另一架 F-15 飛在飛機的右上方。張海濱立刻知道日本的航管系統一定沒有接到台北民航局所送出的飛航通報。日本方面已經批准這一架 C-130 通過他們的 ADIZ，但日本的航管很明顯沒有收到這個訊息。而日本的 F-15 直接以 Papa 610 來呼叫他，表示日本航管雷達上有顯示出這架飛機的代號。

張海濱先是回答日本航管自己的飛機是執行人道救援任務，正飛往海地，也指明此趟飛行已經得到日方的過境許可。在這同時張海濱自己也以 HF 無線電通知在空擔任通信中繼任務的 E-2T 預警機，將此狀況速報空作部作戰指揮管制中心並轉報國防部及外交部，請國內代為協調此事。

日方的 F-15 似乎對這回答並不滿意，仍然要求 C-130 轉向〇四五方向。很顯然，日方是想讓這架飛機飛往那霸落地。

張海濱於是將飛機速度放慢，盡量在無線電中與日方虛張應對來拖延時間，同時希望國內能儘快將這個烏龍事件解決。

國內方面聽到這個狀況後，頓時忙得人仰馬翻，趕緊向各相關單位聯絡與查詢，到底是哪個環節出錯，導致有日方戰鬥機前來攔截的狀況。

很快的，日方航管就表示是他們的疏忽導致這個烏龍的攔截事件，並立刻通知那兩架 F-15，讓他們立刻對國軍的 C-130 放行。

在日本的 F-15 開始攔截他們十多分鐘後，張海濱就又聽到日本 F-15 的飛行員用無線電通知他：「Papa 610，Japan Air Self-Defence Force，You may now continue with your journey，Good Day（趴趴六一〇，日本航空自衛隊，你現在可以繼續您的旅程，日安）」。

這段短短的插曲就這樣結束了。

跨過國際換日線，C-130 再次回到西半球

由新竹到關島的安德森空軍基地的距離是一千五百浬（約兩千八百公里），在經過了六個小時又十分鐘的飛行後，於當地時間下午兩點十六分安全抵達關島的美軍安德森空軍基地。

因為安德森基地內沒有足夠的 VOQ（Visiting Officer Quarter，過境軍官招待所）房間，因此所有組員被安排到機場附近的悅泰酒店（Fiesta

Hotel）休息。

對於許多組員來說，這是第一次出國，因此到達旅館後，就迫不及待想外出去見識一下這異國的風情。但領隊張海濱卻將駕駛艙內的幾人留下，要計劃明天的第二段航程。

張海濱在出發之前，曾推想過許多在旅途上可能遇到的狀況，但就是沒預料會被日本軍機攔截的狀況，幸好國內方面很快處理了問題。他繼而想著在出發的第一段就遇上這個意料之外的事，未來的十天航程內，還會發生什麼樣的事？不過他堅信他的組員都是一時之選，無論遇上什麼樣的狀況，他們都可以克服。

晚餐時，張海濱對所有組員宣佈第二天早上三點半於旅館大廳集合，四點進入基地，開始檢查飛機及加油等事項，預計當地時間六點起飛，前往美軍在太平洋中的瓜加林環礁。

第二天清晨，C-130 加滿五萬三千磅的燃油，由林清輝中校及徐蓉材少校兩人駕駛，於清晨五點五十八分從關島起飛。起飛後那些在飛行時沒有勤務的人，都到後艙找個角落，去設法補足那因半夜三點就起床而不足的睡眠。

瓜加林環礁是美軍在太平洋的飛彈測試場地，是一個完全由美軍控制的島嶼。飛機在當地下午一點四十六分於當地落地。美軍安排他們入住美軍招待所，同時也安排了兩位保安人員與他們一同進出。領隊張海濱立刻知道那兩位保安人員的真正職務，就是確認他們這群中華民國空軍的組員不要在島上亂走，因為那裡是一個機密的美軍飛彈基地。

第二天由美軍招待所離開前要付帳時，張海濱發現帳單中竟然包含了那兩位保安人員的費用。這真讓他有些哭笑不得，我方竟然要付款給派來監視我方的人！

由瓜加林起飛的時間依舊是清晨六點鐘，這段航程的目的地是夏威夷的希肯空軍基地，預計飛行時間是八個半小時。因為國際換日線就在這段航程之內，因此起飛時的時間是一月十八日，但在夏威夷落地時將是一月十七日。

由瓜加林起飛時，是由張智棟中校與徐蓉材少校兩人操作，飛機起飛後立刻進入海天一色的環境，這是他們這幾天第三段跨海飛行，所有組員至此都已習慣了這在台灣極少執行的海上長途飛行模式。

起飛三個半小時之後，領航官向所有組員宣佈飛機已通過國際換日線。一分鐘之前飛機當時位置的時間是一月十八日上午九點二十二分，通過換日線後，GPS上所顯示的時間立刻變成一月十七日上午九點二十三分。在毫無感覺之下，所有組員的生命中就多了一天。

又飛了一個鐘頭後，張海濱與林志偉少校坐上正、副駕駛的座位，換下了張智棟中校與徐蓉材少校兩人，他們將負責後繼四個小時的飛行任務。

當飛機在當地時間下午四點多飛臨夏威夷上空、由空中下望，珍珠港就在夏威夷國際機場的北邊，而希肯空軍基地則位於珍珠港的邊上，與美國海軍的珍珠港基地合稱為「珍珠港—希肯聯合基地（Joint Base Pearl Harbor—Hickam）」。而希肯空軍基地不但與珍珠港海軍基地合併，更與夏威夷國際機場共用跑道，所以這架中華民國空軍的C-130軍用運輸機就必須擠在一群國際民航機中，接受民航塔台管制，依序等待落地。

在機場附近上空等待落地時，張海濱由空中看著珍珠港內排列整齊的軍艦，他不禁想到一九四一年十二月七日，日本偷襲珍珠港的那段歷史。當時日本是美國在太平洋的頭號敵人，沒想到戰後竟成了美國在亞洲的重要盟友，這真說明了國際上沒有永久的敵人。

1314號的C-130於夏威夷當地時間一月十七日下午四點三十三分降落在夏威夷國際機場，隨即在「Follow Me」車輛引導下，滑行至希肯空軍基地的停機坪。空軍駐當地的聯絡官吳大維中校已等待多時。在他的安排下，所有組員均入宿機場附近之王子飯店。

本來在張海濱的規劃下，第二天還是按照前幾天的例行安排——清晨五點加油，六點起飛。但是希肯基地因與民航機共用跑道，及下一站加州矽谷附近的莫非聯邦機場的地面後勤支援問題，幾番協調之後，改成上午十點起飛。

夏威夷是度假天堂，組員中大部分人都是第一次來到這裡。投宿的旅館又剛好在港口旁邊，加上第二天不必在早上三點起床，因此晚餐過後，就有人外出到附近去體驗一下這難得的異國風情。

第二天早上，全體組員於七點到達希肯空軍基地，並開始加油與飛行前檢查等作業。就在檢查飛機時，發現機背上方緊急無線電艙蓋的蓋板鉸鏈鬆動。所攜帶的零件中並無此備料，因此張海濱向美方申請協助，由於 C-130 是美方現役機種，所以很快就從美方處獲得所需要的零件，然後由隨機的機工長在半個小時內修妥。

夏威夷時間一月十八日上午十點，1314 號 C-130 在林清輝中校及徐蓉材少校駕駛下由夏威夷國際機場起飛，飛往兩千一百浬之外的加州舊金山附近的莫非聯邦機場。以 C-130 正常的巡航速度，加上當天航線上的尾風，應該在八個小時內可以抵達。

距離加州海岸線尚有一小時航程時，天空中黑雲密佈，氣流相當不穩。那時張海濱與林志偉少校兩人已經坐上駕駛座，操縱著飛機在雲中飛行。北加州航管中心在這時通知，莫非機場當時的氣候是小雨，五千呎密雲，能見度七浬。這種天氣雖然不是挺好，機場附近的地形也是相當陌生，但對於有數千小時的張海濱來說，根本不是問題。對於一個成熟的飛行員來說，有無線電及機場的穿降圖，就沒有落不下去的機場。

飛機在當地時間下午六點半抵達加州矽谷上空，五千呎出雲後，舊金山灣區燈火通明的夜景在 C-130 翼下展開。雖然沒有在這附近飛行過，但張海濱之前來美國接受模擬機訓練時，曾在矽谷短暫停留。那時他就注意到了公路旁邊機場的那座巨大機庫，如今他發現即使由空中下望，那座巨大機庫依然是相當顯眼。

張海濱在ILS信號引導下，安全地將這架力士型運輸機落在莫非機場的三二R跑道。當飛機滑到停機坪停妥時，他發現空軍駐舊金山的聯絡官劉澤誠中校已等在停機坪了。當晚在聯絡官的協助下，全組人員入住基地內的招待所。

在基地的飛行管理室辦理到場手續時，張海濱向美方表示希望能在次日四點鐘就到飛機旁進行檢查飛機與加油等事宜，並在六點鐘起飛。美方即表示因為第二天（一月十九日）是馬丁路德紀念日（Martin Luther King, Jr. Day），是美國聯邦的指定假日，因此希望他們能將時間向後推延三小時。張海濱上校在「客隨主便」的情形下，同意了美方的建議。

向塔台宣佈緊急狀況，意外與舊識相遇

第二天清晨七點，全組人員抵達飛機旁開始做飛行前準備。張海濱在飛行管理室辦理離場手續時，了解當天莫非機場的天氣是：風向一八〇度，風速十二浬，能見度半浬，小雨，二千五百呎裂雲，三千五百呎密雲，場面溫度一度且道面結冰。前往佛羅里達麥克迪爾空軍基地的航程上多半是逆風，這種情況下張海濱決定將油量加到五萬七千磅，以彌補逆風的影響。

上午九點，在張海濱及林志偉少校的操作下，C-130 由莫非機場起飛。這一段到麥克迪爾基地的航程是倒數第二段，張海濱非常欣慰這一路除了剛離開台灣時，因日本航管方面的失誤導致日本軍機前來關切的那一段插曲外，一切都進行得非常順利。眼看明天就可以由麥克迪爾基地前往海地太子港機場，將救援物資卸下後，此次任務就完成了大半，剩下的就是將飛機及組員安全地飛回台灣。中華民國空軍自建軍以來，最遠的一次空運任務就圓滿達成。想到這裡，張海濱實在很高興自己能有機會參與並領隊執行這個艱鉅的任務。

離開莫非機場兩個半小時後，飛航工程師張浩明少校發現一號發動機的螺距控制器液壓指示不穩，經由駕駛艙的窗戶外望，以目視檢查時發現，一號發動機螺旋槳轂附近有明顯漏油的現象。這是一個相當嚴重的問題，張海濱知道狀況後，先是將一號發動機關車並順槳，然後向航管報告情況，並要求前往最近的機場落地。

航管了解狀況後，告訴他們當時有兩個機場可以落地，一是位於鳳凰城附近的路克空軍基地（Luke Air Base），另一個是土桑附近的摩里斯航空國民兵基地（Morris Air National Guard Base），他們可以挑選認一機場轉降。

聽到路克基地是其中一個選項時，張海濱立刻決定轉降那裡，因為他知道我國空軍有一個中隊的飛行員就在那個基地接受 F-16 的飛行訓練。

在航管的引導下，C-130 調轉機頭對著路克基地飛去，因為他們已經宣佈飛機故障，因此路克基地的塔台就讓他們直接進場，優先落地。

就在 1314 在路克基地五邊進場時，一位在機場附近開車的華人女士注意到了那架飛機。她有些不相信自己的眼睛，即使飛機上沒有任何國徽標識，但是她卻認識那架飛機，因為她曾經駕駛過它！那位華人女士就是曾在

他鄉遇故「機」，前飛官叢麗芳（後排左三）與因緊急事故落地的 1314 成員在美國路克基地「邂逅」。「慈航 99」的機組員在 21 中隊隊部前合影留念。

中華民國空軍四三九聯隊服役，已由空軍退役的前 C-130 飛行軍官叢麗芳！她是因為自己的夫婿也是空軍飛行員，當時正在路克接受 F-16 的訓練，所以她就在退役後，隨著丈夫一同來到這裡。

叢麗芳當時正開車前往基地途中，當她看著正在落地的 C-130 時，立刻加快了速度，對準基地大門開去。在基地門口出示了眷屬通行證後，她很快就進入基地，並趕著前往二十一中隊的中隊部。然後向她的先生表示，自己看到一架中華民國空軍的 C-130 正在落地，該已經滑進停機坪了。

中隊部裡面的幾位我國飛官在聽到她這樣說後，都有些半信半疑，因為如果有我方的運輸機前來，一定會事先通知。就在此時，基地飛行管理室來了通電話，通知他們一架由台灣前來的 C-130 正在滑進停機坪。大家聽了欣喜若狂，立刻驅車前往停機坪。

喜憂參半，計劃應急更改，就地取材解決難題

當地時間一月十九日中午十二點四十五分，張海濱將飛機滑進停機坪，

並將飛機停妥。當他正在進行關車手續時，看到了飛機旁邊擠上來一批人，他仔細一看立刻發現了人群中的叢麗芳，心想著她怎麼會在這裡？但隨即想到她的先生是F-16的飛行員，那麼她在這裡出現就是很自然的事了。

雖然路克基地有著許多同學與舊識，但是張海濱下機之後卻無暇與他們敘舊。他與維修領隊黃俊錡中校及兩位飛修官，爬上美軍提供的工作台，將一號發動機的蒙皮打開，急著想了解發動機及螺旋槳故障的情形。

經過兩個小時的檢視後，黃俊錡中校向張海濱報告一號螺旋槳及泵浦室漏油，這並不是一個可以隨機修理的故障，必須拆下送回工廠去修理，然後換上另一具螺旋槳及泵浦室方可繼續他們的航程。

這實在是一個大問題。張海濱清楚自己實在沒有任何其它的選項，但在距國門一萬多公里的國外，如何取得可以更換的組件？於是他立刻將此一狀況回報給國內。

國防部在收到這一消息後，立刻下令給駐美武官處，要求就近與美國空軍協調，希望能提供一具螺旋槳及泵浦室以供更換。

就在華府的武官開始處理更換零組件的同時，張海濱接到國內的指示。

前往海地的計劃有所更改，因為全世界湧往海地太子港機場的飛機太多，目前在太子港機場提供飛航管制的美國空軍，建議我國的救難專機改落多明尼加首府附近的聖尼西德羅空軍基地（San Isidro Air Base），在那裡將救濟物資卸下後，由陸路轉送到海地。另外，國防部也下令飛機在多明尼加落地時，駕駛艙左右兩面小窗上必須各貼上一面國旗，後艙門打開時，也必須有一巨幅國旗懸掛在最明顯處[3]。

因為離開台灣時並未攜帶國旗，在接到這道命令時，張海濱先是問路克基地的我方領隊，是否有國旗可以提供，結果當地唯一的巨型國旗是懸掛在維修棚廠，足足有五公尺寬，對於C-130的後艙來說是嫌太大，不過那位領隊提議向洛杉磯的國防部聯絡官求助，他們該有國旗可以提供。結果洛杉磯聯絡官處還真有一幅一八〇公分的國旗，可以於當天用快遞送到路克基地，但他們沒有可以貼在駕駛艙小窗的小型國旗。

正在路克基地受訓的F-16飛行官知道找不到小型國旗後，立刻表示可以用剪貼方法來自行製作。他們通知在家中的眷屬，請她們到文具店去買藍白紅色紙。結果眷屬們經過幾個鐘頭的剪貼之後，就做出兩面可以貼在駕駛艙舷邊的小國旗。

風雪交加，再急也急不來

經過一天的協調，美方同意提供所需的螺旋槳及周邊零組件，並提供兩名資深技術人員及所有工具來協助更換一號發動機的螺旋槳。只是螺旋槳與所有零組件都必須由土桑附近的戴維斯蒙森空軍基地（Davis Monthan Air Force Base）以車輛運送過來，但這幾天亞利桑那州正遭遇數十年未見的大風雪，而美軍的安全條例中有明確指示，風速超過六十哩（九十六公里）時，軍車不得外出。因此運送車輛最早也要等到後天（一月二十二日）清晨，方可由戴維斯蒙森空軍基地出發，還好兩地僅相距一五〇哩，二至三小時就可抵達。

在知道必須在路克基地等待數天才能更換螺旋槳後，張海濱心中雖然焦

3 編註：當時多明尼加與我國尚有邦交關係。

急，但也了解這是無可奈何之事。他讓一般組員趁機好好休息，而他與修護領隊、領航官仔細計劃更換螺旋槳事宜，以及兩天之後的行程。

因當地大風雪的影響，所有飛機都拖入棚廠以策安全，我方二十一中隊的棚廠因無法容下 1314 這架龐然大物，於是基地就將它拖到美軍九四四戰鬥機聯隊的大型棚廠停放。本來維修領隊黃俊錡中校計劃是在新的螺旋槳運到之前，先將故障的螺旋槳拆下，這樣就可以節省一些工時，但美軍方面卻表示要等到新螺旋槳運到之後，才提供吊掛裝備，黃中校也只能配合。

此時因為飛機故障，原先規劃由麥克迪爾前往多明尼加的時間已經錯過了。這段期間前往該地的救援飛機相當多，必須在預定的時間進入多明尼加，一旦錯過進入當地的時機，就必須再重新申請。所以張海濱在填寫飛行計劃時再三計算，他真是不願意再有任何事來耽誤這項任務了。

———

亞利桑那州當地時間一月二十二日上午八點四十五分，由戴維斯蒙森空

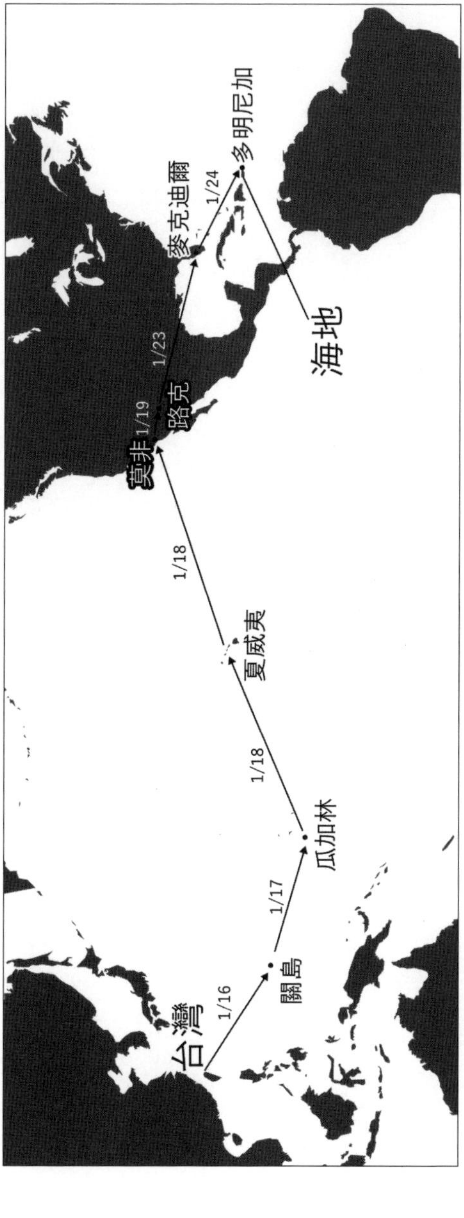

燎原出版編製

國軍 C-130 機號 1314，「慈航 99」去程飛行航路。

軍基地送來的螺旋槳及相關零組件安全送抵路克基地。當貨櫃由卡車上卸下後，黃俊錡中校立刻與一位美軍中校開始共同盤點所送來的零組件。清點完畢後，黃中校隨即在清單上代表中華民國空軍簽收。

完成接收的紙上作業後，兩名美國空軍士官及我方隨機的維修人員即刻開始螺旋槳的拆卸工作。當時雖然有著任務的時間壓力，但所有工作人員還是一步步根據技令來進行這項工作。他們在中午十二點四十五分終於將故障的螺旋槳拆下，並將新的螺旋槳安裝妥當。這時距他們開始施工還不滿四個鐘頭。

當天下午兩點鐘，美軍的一輛拖車將飛機拖到停機坪。在地面的安全措施設置好後，張海濱上校、林清輝中校及張浩明少校登上飛機，將一號發動機啟動，並按照技令上的程序開始測試螺旋槳，確認在不同運轉的情況下，螺旋槳都能正常運作，而且沒有漏油的跡象。

下午四點鐘左右，試車完畢，一號發動機及螺旋槳完全運轉正常。張海濱在將發動機關車的時候，想著因為這個故障而引起的行程延誤終於過去，現在可以回到正軌了。

危機結束，向最終目的地進發

一月二十三日上午八點，1314 組員與路克基地的 F-16 飛行軍官們揮手道別，他們互相都很珍惜這因為一具螺旋槳故障而相聚的緣分。而叢麗芳更是永遠都會記得，在亞利桑那州的天空中曾看到了她所駕駛過的飛機！

由路克基地起飛後，1314 順著航管的指示，沿著美國南部橫跨美洲大陸對著佛羅里達州的麥克迪爾空軍飛去。張海濱以前曾搭民航機多次飛過這條航路，這次自己駕著軍機飛同樣的航路時，雖然由空中下望的景色全都相同，但他的心中感受卻是全然不同。他現在正駕著中華民國空軍的軍機執行人道救援任務，而這也是中華民國空軍自建軍以來飛得最遠的一次任務！

五個小時之後，1314 在當天下午三點安全降落在麥克迪爾空軍基地。美軍安排他們入宿在基地內的招待所。第二天就要飛抵此行最終的目的地——多明尼加的聖尼西德羅空軍基地，我國駐多明尼加的大使、當地政要及國內外的新聞媒體，都會在機場迎接這架遠道由太平洋彼岸飛來的救援飛機；張海濱特別下令所有組員當天必須及早休息，第二天也要穿著整齊，給在場的人士留下一個良好印象。

一月二十四日上午五點鐘，全體組員精神抖擻抵達飛機旁邊，開始做起飛前檢查。原先在路克基地製作的小國旗，此時已貼上駕駛艙左右兩邊的窗戶，讓所有看到這架飛機的人都知道這是一架中華民國的軍機。因為這段航程不似前幾次般遙遠，因此張海濱決定飛機的油量僅加到四萬三千磅，這樣可以讓飛機飛得輕快些。

上午七點鐘，1314 按照原先填寫的飛航計劃，準時由麥克迪爾空軍基地起飛，對著東南方的海域飛去，海地與多明尼加就在一千英里之外。

飛過巴哈馬群島時，張海濱知道此時就飛在惡名昭彰的百慕達三角州的邊緣，但他放眼向四下望去，海天一片祥和，絲毫沒有任何神秘或詭異的氣氛。通過巴哈馬群島後不久，無線電中的通話開始變得頻繁，因為往同一目標區的飛機越來越多，他必須仔細注意那些對話，說不定在那些對話中就有航管對他的呼叫。

上午十一點半，張智棟中校將飛越重洋而來的 C-130 運輸機，輕輕落在多明尼加首府附近的聖尼西德羅空軍基地。這一萬餘浬的長途飛行終於告一

陽光明媚的多明尼加，自製的小國旗如令張貼在顯眼的位置，左側是美國陸軍的 C-23，準備用來撤出人員。

段落。

我國駐多明尼加大使蔡孟宏、國防部特派前駐多明尼加武官蕭承德上校、駐多國的空軍武官陳自忠上校、多明尼加空軍總司令及海地駐多明尼加大使等都在停機坪歡迎1314機的到來。當C-130的後艙門緩緩打開時，第一個進入大家眼簾的就是青天白日滿地紅的國旗！在簡單的儀式中，蔡大使代表中華民國政府將飛機上的救災物資交給辛尼亞斯大使。海地駐多明尼加大使在致詞時，不但感謝中華民國政府雪中送炭的舉動，更對著站在一旁的張海濱及所有的組員表示謝意，謝謝他們不辭辛勞千里迢迢地將救難物資親自由台灣送到當地。

因為當地空中交通頻繁，許多運送救災物資的飛機都在等著落地及卸下物資，所以在致送物資儀式完畢後，立刻開始卸貨。完成卸下救難物資後，1314即刻踏上返航的路程。

他們在當天就離開了多明尼加回到麥克迪爾空軍基地，然後就順著來程的路，一站一站往回飛，終於在二〇一〇年的一月三十一日回到了台北松山機場，並在機場受到了國防部長高華柱及各界的熱烈歡迎。

抵達聖多明尼加聖尼西德羅空軍基地，我國駐當地大使及海地駐多明尼加大使在機場迎接（右二為領隊張海濱上校，左四為副領隊林清輝中校）。

張海濱上校如今已由軍中退役，他在回憶起這段過程時，心中總是非常欣慰。他沒有辜負長官及國家對他的期望，完成了這個中華民國空軍最遠的一次任務。

參與這次任務的人員如下：

領隊：張海濱上校

飛行員：林清輝中校、張智棟中校、徐蓉材少校、林志偉少校

領航官：梁家瑄少校、黃正彥上尉

飛修官：張浩明少校、劉重河上尉

裝載士：劉錦珖一等長、黃德生一等長、吳孟謙上士、莊建昌三等長

航醫：許清裁上尉、藍文祥醫務士

維修：黃俊錡中校、黃志剛一等長、邱彥傑一等長、駱偉峰一等長、王澤霖一等長、黃正璋一等長、吳政昌一等長、黃閔琳一等長

所有參與任務人員，皆獲得國防部贈送了「海地救災」紀念章一枚。是枚徽章，由當時在國防部任職的梁紹先（毛球老師）所設計。

設計理念如下：
紀念章採深受中南美洲國家喜好的盾型設計；中華民國、海地、多明尼加三國（國旗圖像）於 2010 年攜手展開聯合救援行動。中央圖示中華民國國軍 C-130H 運輸機（編號：1314）搭載軍醫及醫療物資依航線馳赴「海地賑災」，展現崇高的人性光輝。

（攝中央社）

「慈航 99」順利返抵國門，並在松山機場辦理歡迎儀式，1314 號機順利完成任務。

十五、T-38A 編隊失散——馮世寬狂風暴雨落台南

民國六十四年三月二十四日，星期一，空軍桃園基地五大隊二十七中隊的作戰官馮世寬上尉一大早就將簡單的行囊收拾好。他將前往台南基地，在那裡擔任一個星期的教官，為一群剛由部訓隊結訓的年輕飛行軍官進行 T-38 的換裝訓練。

五大隊本來所使用的機型是美國在軍援制度下對我國所提供的 F-5A（單座）與 F-5B（雙座）戰機。然而民國六十二年美國在「越戰越南化」的政策下，將五大隊的二十七與十七兩個中隊的 F-5A 收回，送往越南交給南越空軍，只留下二十六中隊繼續使用 F-5A 擔任戰備任務。當時美方答應日後

將會提供較新型的 F-5E 來取代那些被轉移的 F-5A。在 F-5E 尚未交付我國之前，美方派了兩個中隊的 F-4「幽靈式」戰鬥機前來台灣駐防，彌補我國空防的漏洞。

美軍除了派了兩個中隊的 F-4 進駐到清泉崗基地之外，同時也提供了兩個中隊的 T-38 給五大隊，讓十七與二十七這兩個中隊的飛行員可以繼續飛行來維持他們的飛行技術。

T-38 與 F-5A 這兩種飛機都是洛斯羅普飛機公司（Northrop Corp）的產品，而且兩種飛機不但外型相似，座艙內的儀錶與設計也都大同小異。因此原先飛慣了 F-5A 的十七與二十七兩個中隊的飛行官，很快就熟悉了 T-38 的操縱。由於 T-38 沒有武裝，因此比 F-5A 要輕許多，飛起來更是輕巧靈活，很得飛行員的喜愛。

每年初春的那段期間，台灣北部總是陰霾的時候多，而那一年官校五十五期與飛行專修班第六期畢業的新科飛行員，同時由部訓隊結訓後，竟有三十餘人被派到五大隊來當見習官。一下子來了這麼多見習官，除了教官不夠之外，初春陰霾的氣候也讓整個見習官的訓練進度嚴重落後。

馮世寬與 F-5E 的合影，當年曾作為看板人物，刊登在軍內刊物《中國的空軍》。

這種情況下，五大隊就將兩個中隊暫時調到台南，希望南部晴朗的天候能夠讓見習官有較多的時間飛行。而這兩個中隊除了留下少數駐隊人員外，其餘所有教官都隨隊前往台南支援訓練的課目。

上午十點鐘，二十七中隊的作戰長唐文麟少校駕著一架 T-38 由台南飛抵桃園，他是來接馮世寬上尉南下。

唐文麟少校比馮世寬要高兩個年班。兩人在同一個部隊任職多年，算是相當熟悉。在往南飛去的途中，唐文麟就告訴馮世寬在台南的工作相當忙碌，因為天氣好，所以一天飛個兩、三批是非常平常的事。

迷般的黑煙團，是陸軍的火砲射擊？

在台南落地後，馮世寬提著他的行囊到中隊部報到。就是在那裡，他看到了當天的任務單上有他及唐文麟的名字，他更注意到了那份名單中他及唐作戰長的名字都是後來填上去的，這表示原來被派遣的人因事無法執行任務，所以臨時將他們兩人的名字填了上去。

這時馮世寬又想到了唐文麟在來的途中告訴他「每天都要飛兩、三批」的事，那天唐到桃園去接他到台南，這就已經飛了兩批。馬上午餐之後又要飛一批，那就是他當天的第三批！看來唐文麟所說「當地的工作相當忙碌」，不是開玩笑的哩。

馮世寬當天排到的任務是午餐後的第一批。他看了看錶，當時已接近十一點半，所以趕緊前往餐廳，囫圇吞棗般地草草吃完中餐，就回到中隊作戰室準備。

當天下午第一批就排了十多架次飛行，都是執行不同的訓練科目，其中有儀器科目、性能科目、特技科目及單飛課目。馮世寬發現他的那批任務是帶張天柱少尉飛 T-38 的性能科目。張天柱是專修班六期畢業的學官，並非馮世寬固定的學官，但馮世寬曾帶飛過他幾回，知道他是個中規中矩的飛行員，跟他一道飛行會讓教官省心不少。

在作戰室裡，馮世寬看到了他的固定學官任銘中尉正在那裡。他記得不久之前任銘在一次籃球運動中傷到了右手，掛了一陣子繃帶。所以當他看到任銘穿掛整齊，背著降落傘馬上要登機執行任務時，還特別將他叫到一旁，捏了捏他的右手，問他是否已經完全復原。任銘對著他笑了笑，並活動了一下右手，對著他說：「教官，沒問題的，您看靈活得很哪。」說完對著馮世寬敬了個禮，然後隨著他那天的教官唐文麟少校走出作戰室，那天他要飛的是儀器科目。

馮世寬對張天柱做完任務提示後，也隨著其他上場的隊員登上小巴前往停機坪。下車後馮世寬上尉與張天柱少尉兩人走向他們的那架 T-38，並開始執行起飛前的三六〇度檢查。雖然那架飛機上午才剛飛完一批，飛行員也並未記下任何缺點，但每次飛行前仔細檢查飛機已經成為每個飛行員的習慣，確認飛機一切正常是安全回家的保證，沒有人會對此事馬虎。

當天馮世寬被指派的空域是嘉義以北靠東，在中央山脈上空。起飛之後，飛機就在戰管的引導下飛往空域，馮世寬坐在後座仔細觀察張天柱操縱飛機的手法，同時也注意飛機的四周，這是他一向的習慣——隨時注意飛機的周圍環境。

到達空域後，馮世寬按照起飛前任務提示時的步驟，開始帶張天柱做飛機的性能科目。幾分鐘之後，就在做「懶八字」時，馮世寬突然注意到他的十點鐘方位似乎突然出現了一團黑煙。他定神注意一看，那確實是一團煙圈般的黑煙。馮世寬見狀當即以為是地面陸軍部隊在做火砲射擊。

「柱子，今天你沒看到陸軍有火砲射擊的通告吧。」馮世寬記得他在作戰室看當天的飛航通報時，並沒有任何陸軍有火砲射擊的公報，但是為了確定，他還是問了前座的張天柱。在這同時，他也停止了「懶八字」的動作，並將飛機向右轉往西方飛去，想避開那黑煙的方向。

「報告教官，沒有，我沒有看到有任何陸軍火砲射擊的通告。」

知道那團黑煙並不是火砲造成的之後，馮世寬心中有了絲不祥的預感。當天有那麼多飛機在空中，該不會是有飛機發生狀況了吧……他注意了一下自己當時的位置，並將那團黑煙與自己的相關位置記下。

馮世寬剛將飛機飛到空域的另一邊，還沒有開始進行性能示範，就聽到耳機中傳來戰管的聲音，要所有在空飛機停止課目即刻返場落地。聽到這個訊息後，他認為該真是有飛機發生狀況了，因為這是飛機出事之後，戰管才會有的標準程序。

最糟的狀況發生了……

所有飛機落地之後，飛輔室及塔台根據落地飛機的機號，立刻發現少了三架飛機。而且這三架飛機對戰管及塔台的持續呼叫都沒有任何回應[1]。很明顯最糟的狀況發生了……

馮世寬在知道是三架飛機沒有回航，而且當中還有上午接他來台南的唐文麟少校，及他的學官任銘中尉後，心就往下沉了。他想到了唐少校對他說「最近很忙」，也想到了任銘告訴他手已經完全恢復的調皮樣子，那時他只希望三架飛機上的六個人，不管是發生了什麼狀況，都能有彈射跳傘的機會。

被緊急呼叫回來落地的飛行員在作戰室中討論各自在天空所發現的狀況，有些人聽到了跳傘後由 URT33 緊急求生設備所發出的「啾、啾、啾」聲音，有人也目擊到馮世寬所看到的那團黑煙。根據這幾個人所看到的方向判斷，那團黑煙該是在台東、台南與嘉義交會的山區。

下午四點，事發兩個半鐘頭之後，救護隊已經派出多架 HH-1H 直升機前往山區進行搜尋。二十七中隊的中隊長胡瑞發中校仍然守在跑道旁邊的飛輔室中，眼睛一直向東方的中央山脈望著，似乎在盼望奇蹟的出現。馮世寬開吉普車到那裡想接隊長回到作戰室，但隊長卻喃喃自語地說：「讓我再等一下，讓我再等一下⋯⋯」

奇蹟究竟沒有出現，救護隊的直升機在台東縣的利稻村山區發現了飛機殘骸及掛在樹上的降落傘，傘下的飛行員沒有生命跡象。據判斷，這三架飛機是在空中互撞而墜毀，李樹南中校、唐文麟少校、顏勝義少校、任銘中尉、孫宗新中尉及劉履銘中尉等六名飛行員全數罹難。

由於失事現場在非常偏遠的高山峻嶺中，直升機無法在那麼高的地方滯留吊掛，只能靠人員從地面前往，將尋獲的飛行員大體由山中揹扛下山。二十七隊隊員蔡耀明中尉及尤德碩中尉兩人，加入由山青及警方所組成的搜救隊進入山區。日後尤德碩曾對馮世寬提到，當他們在山中發現其中一位飛行員的大體時，他基於同袍之情決定自己將那位弟兄揹扛下山。在將那位殉職的飛行員遺體用屍袋裝好後，尤德碩先對遺體行了祭拜禮，然後在心中默

1 編註：失事的 T-38，機號分別是 8516、8512、8506。

禱告訴那位弟兄，他將扛著他下山，希望他能一路配合。真是說也奇怪，尤德碩對馮世寬表示，他扛著那位飛行官的遺體下山時，竟然一點都不覺得重，而且一路在山雨中下山他都沒滑倒或摔跤。

那次事件之後，有好一陣子馮世寬在空中看到台南基地時，都會想到那次的悲慘事件，但他卻沒想到就在一個多月之後的五月間，台南基地卻救了他一命。

密集編隊雲中失散，處變不驚方能脫險

那天也是例行性訓練任務，是訓練蔡以根少校四機領隊。蔡少校本來是五大隊修補大隊的試飛官，在二十七中隊一下子失去三位教官後，他被調到中隊擔任分隊長，但因他尚未取得四機領隊資格，所以中隊在繁忙的訓練課目中，還要同時訓練蔡少校成為四機領隊。

當天一共排了四架 T-38 進行訓練[2]。當四架飛機滑向跑道時，飛輔室的一位教官提醒他們根據預報，天氣即將驟變，但胡瑞發隊長卻回覆：「如果

天氣轉壞，我們就轉臺南落地。」於是四架飛機就依序進入跑道，分成兩批先後起飛。

離地後，四架飛機往桃園外海爬升，到達指定高度，四機迴轉一八〇度，預備飛往桃園東邊山區空域進行編隊訓練。就在那時，大家看到正前方有很大一片的積雨雲。二號機胡瑞發隊長這時下令四機成密集編隊進雲。馮世寬上尉聽了之後，立刻將飛機向三號機靠攏。

在飛機尚未進雲時，氣流就已變得非常不穩，飛機在空中跳動著，等到進雲之後氣流就更亂。馮世寬緊抓著駕駛桿的手，隨著飛機的跳躍而上下左右晃動，試圖將飛機保持在三號機右後方的位置。但他很快就發現那只是徒勞而已。剛進雲的時候，他還可以看見三號機的翼尖。但沒多久，他就什麼都看不見了。

馮世寬在看不到三號機時，著實緊張了一下。在這種情況下，極有可能

2 四架飛機的八位飛行員分別是：領隊蔡以根少校，前座包建藻中尉；二號機前座張天柱少尉，後座隊長胡瑞發中校；三號機後座教官高岑峯少校，因事件發生相隔久遠，大家都忘記前座學官是哪一位了；四號機前座王虎軍中尉，後座馮世寬上尉。

發生擦撞事件。但是他很快就鎮定了下來，按照規定將飛機向右拉開三十度，同時用無線電通知編隊其他三架飛機。很快他聽到了二號機向左拉開的訊息，三號機也表示他已向上拉昇。至此四架飛機已經完全在雲中失散。

二號機中隊長胡瑞發此時用無線電下令其它三架飛機雲上集合，馮世寬正要開始爬升時，他又聽到三號機在無線電中說：「隊長，不要爬了，我爬到四萬呎都還在雲裡面」。聽到這一訊息後，胡中隊長命令編隊立即各自返場。

聽到隊長下令各自返場的命令後，還在雲中飛行的馮世寬卻不願意貿然轉彎，那時他不知道其他飛機是否就在自己旁邊。於是他呼叫戰管，希望戰管能給他一個明確的指示，該向哪個方向飛。然而戰管卻表示無法在雷達上看到他。

既然戰管在雷達上都看不到，馮世寬覺得必須設法自己飛出這個困境。他想著自己向右拉開三十度後，是對著台灣東海岸蘇澳一帶飛去，以他當時的速度加上當天西北風的關係，他想該已接近東部海岸，或是已經飛越海岸進入太平洋了。

四周仍然是混沌一片，上不見天下不見地，只是一簇簇的烏雲，偶爾還夾著一些閃電。飛機就在這種環境下以三百多浬的速度蹦跳著飛行。為避免飛進太平洋、誤闖日本與那國島的空域，馮世寬於是將飛機向右轉向二三〇度。那時他的高度已經達到二萬八千呎，即使知道調轉機頭後，是對著中央山脈上空飛去，在那個高度他也不會撞上任何山峰。

這樣又飛了幾分鐘之後，耳機中突然傳來了戰管對他的呼叫，說是已經在雷達上看到他了，並引導他降低高度。聽了戰管的話後，馮世寬覺得好氣又好笑，他自己計算當時的位置該是在嘉義以東的山區上空，怎麼能在那裡下降高度？

可以在落地之後步下飛機，那就是一個好落地

又飛了幾分鐘，馮世寬見到左邊的天際似乎比較明亮，於是他將飛機轉向左邊對著二八〇的方向飛去。這時他發現這邊的雲層似乎要比較薄一些。他可以隱隱約約由雲縫中看到綠色的山林，這表示他還飛在山區上空。他想著幸好前幾分鐘沒有聽從戰管的指示下降高度。

馮世寬這時又問戰管還可以看到他嗎？戰管表示又看不見了。不過這時他已經不若前一陣子的擔心了，因為翼下的雲似乎已經散開。又飛了一陣子後，他看到了一個雲洞，於是他轉了一圈對著雲洞鑽了下去。霎那間眼前的灰白雲堆被鹽田的景象取代！看到鹽田，馮世寬立刻知道已經飛到了台南，於是開始降低高度，根據他對台南地區地貌的記憶，往台南基地飛去。

雖然已出雲，但是當地的氣候還是很糟，大雨傾盆，氣流非常不穩，能見度非常不好。馮世寬此時開始呼叫台南塔台要求落地許可，台南塔台很快告訴他可用三六跑道，並給了他地面氣壓、風向、風速及能見度的資料。

因為後座的視野不是很好，馮世寬請前座的王虎軍中尉替他注意方向、速度與高度，自己專心飛低空環繞進場。當前座報出飛機已經到達決定高度（Decision Altitude），而馮世寬仍然沒有看到跑道時，他毅然地將油門推上開始重飛。這時他注意到飛機的餘油僅剩五百磅左右，這表示他僅剩一次重新進場的機會，如果仍然無法看到跑道，他們只有跳傘一途了。

飛機重飛的時候，馮世寬問塔台是否可以看到他的飛機，塔台回答道：

「看不見，但可以聽見。」也就在這時候，馮世寬看到一八跑道頭附近的雲霧似乎比三六跑道頭要小許多。他通知塔台，決定使用一八跑道順風落地，他記得台南機場跑道夠長，順風落地問題不大。

就在飛淚滴航線調頭的時候，馮世寬告訴前座的王虎軍，這一次如果還是無法看到跑道進場落地，他將用剩餘的油將飛機拉起往右邊對準海邊飛去，他們將在海灘上空跳傘。最後他提醒王虎軍確認彈射跳傘的開關是確實放在「Dual（兩人）」的位置，這樣啟動彈射跳傘時，後座會先彈射出去。

這一次 T-38 在往一八跑道進場的時候，雨雖然還是很大，但馮世寬在決定高度之前就看到了跑道，飛機主輪在距跑道頭三百呎處觸地，結束了這一個多小時的雲中歷險。

當時正在台南炸射班受訓的五大隊同袍——鄺子崇少校分隊長，在聽到馮世寬在大雨中降落後，開了一輛吉普車到停機坪去接他，並將他接到作戰室。在那裡馮世寬打電話回桃園二十七中隊報平安時，他才知道當天的四架飛機的一、二號飛機竟然落到了平時不准前去的台北松山機場，三號機雖然回到了桃園落地，但卻因雨勢太大，飛機無法安全減速，在跑道尾端撞攔截

NASA

至今依然有約 600 架 T-38 在各國服役。

網後才停下。

四架飛機因為天氣的關係，竟落在三個不同的機場，的確是個聳人聽聞的事。但古老航空界的一句諺語，卻替這次事件作出了解答，那個諺語就是：「只要你可以在落地之後步下飛機，那就是一個好落地（Any landing that you can walk away from, is a good landing）！」那天四架飛機、八位飛行員在極端惡劣的情況下，都安全地將飛機操縱落地，沒有任何意外發生，就是一個好的結局。

馮世寬上尉後來官至空軍上將，當過副參謀總長及國防部長，在他一生諸多的故事當中，這是一件他在回憶時，會引起一絲微笑的往事。

附錄：五邊飛行圖示（Flight Pattern）

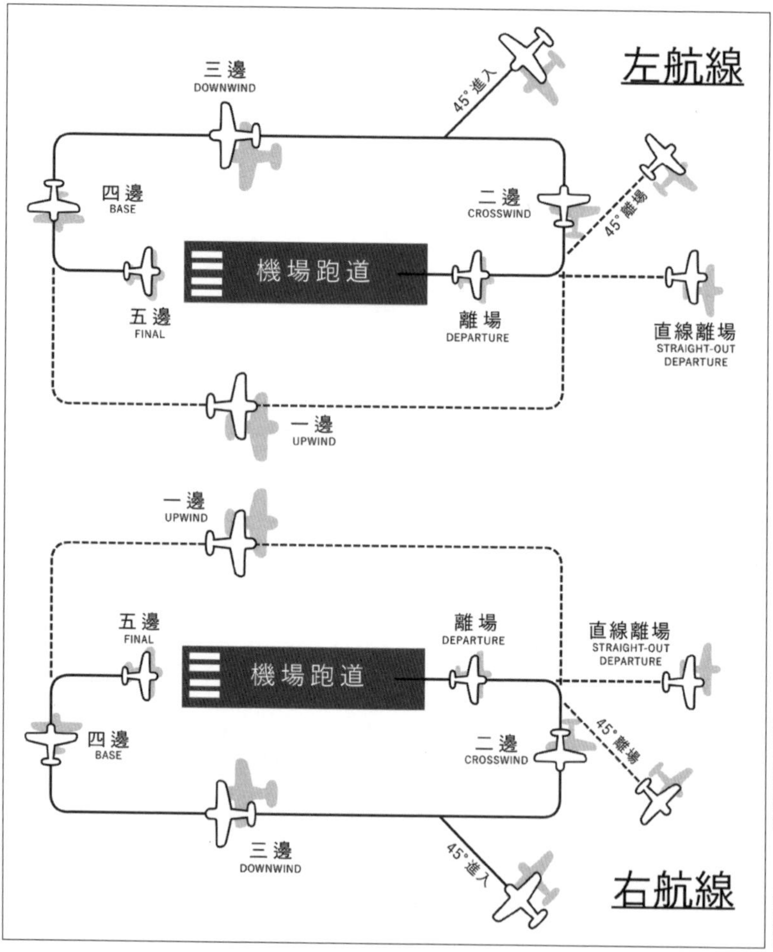

原圖 Thsutton 燎原出版編製

本圖作為起降航線的說明圖，可對應本書所有提及起降航線的內容。

附錄：熄火迫降航線圖

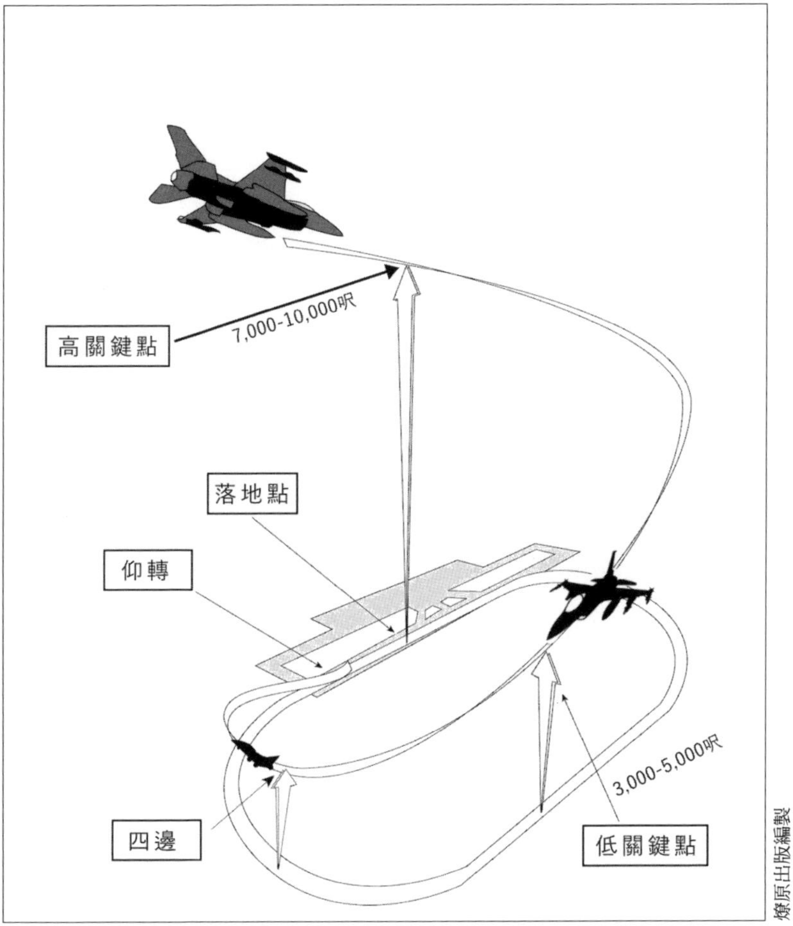

F-16 的模擬熄火迫降航線圖示。不同機種的高低關鍵點高度也會不同。

長空萬里

空軍飛行員的故事

Off We Go: Story of ROC Air Force Pilots

作者：王立楨
主編：區肇威（查理）
封面設計：倪旻鋒
內頁排版：宸遠彩藝

出版：燎原出版／遠足文化事業股份有限公司
發行：遠足文化事業股份有限公司（讀書共和國出版集團）
地址：新北市新店區民權路 108-2 號 9 樓
電話：02-22181417
信箱：sparkspub@gmail.com

讀者服務

法律顧問：華洋法律事務所／蘇文生律師
印刷：博客斯彩藝有限公司

出版：2024 年 11 月／初版一刷
2024 年 12 月／初版二刷
電子書 2024 年 11 月／初版
定價：420 元

ISBN 978-626-99157-0-5（平裝）
978-626-98651-8-5（EPUB）
978-626-98651-9-2（PDF）

除特別註明外，本書圖片均由受訪者及作者提供。

國家圖書館出版品預行編目 (CIP) 資料

長空萬里：空軍飛行員的故事 = Off we go : story of ROC air force pilots/ 王立楨作 . -- 初版 . -- 新北市：遠足文化事業股份有限公司燎原出版：遠足文化事業股份有限公司發行 , 2024.11
304 面 ; 14.8×21 公分
ISBN 978-626-99157-0-5(平裝)

1. 空軍　2. 飛行員　3. 臺灣傳記

598.8　　113015724